Atish Yadav
Divya Singh
Anil Kumar Singh

Estudos sobre a bio-eficácia de herbicidas pós-emergência no milho Rabi

Atish Yadav
Divya Singh
Anil Kumar Singh

Estudos sobre a bio-eficácia de herbicidas pós-emergência no milho Rabi

ScienciaScripts

Imprint
Any brand names and product names mentioned in this book are subject to trademark, brand or patent protection and are trademarks or registered trademarks of their respective holders. The use of brand names, product names, common names, trade names, product descriptions etc. even without a particular marking in this work is in no way to be construed to mean that such names may be regarded as unrestricted in respect of trademark and brand protection legislation and could thus be used by anyone.

Cover image: www.ingimage.com

This book is a translation from the original published under ISBN 978-620-7-47137-9.

Publisher:
Sciencia Scripts
is a trademark of
Dodo Books Indian Ocean Ltd. and OmniScriptum S.R.L publishing group

120 High Road, East Finchley, London, N2 9ED, United Kingdom
Str. Armeneasca 28/1, office 1, Chisinau MD-2012, Republic of Moldova, Europe
Managing Directors: Ieva Konstantinova, Victoria Ursu
info@omniscriptum.com

Printed at: see last page
ISBN: 978-620-8-37703-8

Conteúdo

CAPÍTULO I

INTRODUÇÃO

O milho (*Zea mays* L.) é uma das culturas emergentes mais versáteis, com maior adaptabilidade a condições agro-climáticas variadas. A nível mundial, é conhecido como a rainha dos cereais porque tem o maior potencial de rendimento genético entre os cereais. O milho é cultivado em quase 193 milhões de hectares em cerca de 170 países com uma grande diversidade de solos, clima, biodiversidade e práticas de gestão, contribuindo para 39% da produção mundial de cereais. Os Estados Unidos da América (EUA) são o maior produtor de milho, contribuindo com cerca de 36% da produção total mundial, e o milho é o motor da economia americana. Na Índia, o milho é cultivado ao longo de todo o ano e é predominantemente uma cultura *Kharif*, com 85% da área cultivada nessa estação. O milho é a terceira cultura cerealífera mais importante na Índia, a seguir ao arroz e ao trigo.

O milho tornou-se um alimento básico em muitas partes do mundo, com uma produção total que ultrapassa a do trigo ou do arroz. Para além de ser consumido diretamente pelos seres humanos (muitas vezes sob a forma de masa), o milho é também utilizado para a produção de etanol de milho, rações para animais e outros produtos derivados do milho, como o amido de milho e o xarope de milho. Os seis principais tipos de milho são o milho dentado, o milho em grão, o milho em vagem, o milho para pipocas, o milho para farinha e o milho doce. As variedades ricas em açúcar, designadas por milho doce, são normalmente cultivadas para consumo humano sob a forma de grãos, enquanto as variedades de milho do campo são utilizadas na alimentação animal, em várias utilizações alimentares humanas à base de milho (incluindo a moagem para fazer farinha de milho ou masa, a prensagem para fazer óleo de milho e a fermentação e destilação para fazer bebidas alcoólicas, como o whisky bourbon) e como matérias-primas químicas. O milho é também utilizado no fabrico de etanol e de outros biocombustíveis.

Entre os países produtores de milho, a Índia ocupa o 4.º lugar em termos de área e o 7.º em termos de produção, representando cerca de 4% da área mundial de milho e 2% da produção total. Em 2020-21, na Índia, a área de milho atingiu 9,86 milhões de hectares (**Anónimo, 2022**). Em 195051, a Índia produzia 1,73 milhões de toneladas de milho, que aumentaram para 31,51 milhões de toneladas em 2020-21, registando um aumento de quase 16 vezes na produção. A produtividade média durante o período aumentou 5,42 vezes, de 547 kg/ha para 2965 kg/ha, enquanto a área aumentou quase três vezes. Embora a produtividade na Índia seja quase metade da mundial, a produtividade média diária do milho indiano está ao nível de muitos dos principais países produtores de milho.

O Karnataka é o principal Estado em termos de área e produção de milho, com 1,68 mha e 5,18 milhões de toneladas, seguido do Madhya Pradesh. O Uttar Pradesh registou uma produção total de 1,80 milhões de toneladas de milho numa área cultivada de 0,77 mha (**Anonymous, 2022**).

Na Índia, o milho é cultivado principalmente em duas estações, a chuvosa (*Kharif*) e a de inverno (*Rabi*). O milho *Kharif* representa cerca de 85% da área de milho na Índia, enquanto o milho *Rabi* corresponde a 15% da área de milho. Mais de 70% da área de milho *Kharif* é cultivada em condições de sequeiro, com prevalência de muitas tensões bióticas e abióticas. A ecologia propensa ao stress contribui para uma menor produtividade do milho *Kharif* (2516 kg/ha) em comparação com o milho *Rabi* (4381 kg/ha), que é predominantemente cultivado num ecossistema seguro. No passado recente, a área de milho de primavera também está a crescer bastante depressa nas regiões do Noroeste do país, nos Estados de Punjab, Haryana e Uttar Pradesh Ocidental. Infelizmente, os dados relativos à superfície e à produção de milho de primavera não estão bem documentados. No entanto, estimativas informais apontam para uma área de cerca de 150 mil hectares. Entre os cereais, o milho regista a taxa de crescimento mais elevada em termos de área e produtividade. Desde 2010, a produtividade do milho na Índia está a aumentar a uma taxa superior a 50 kg/ha/ano, que é a mais elevada entre as culturas alimentares.

As ervas daninhas constituem um dos principais problemas económicos para os produtores de milho e podem reduzir o rendimento até 86%. A magnitude das perdas depende em grande medida da composição da flora infestante, do período de competição entre a cultura e as infestantes e da sua intensidade. **(Rai *et al.*, 2018)**

As infestantes são o principal fator de redução do rendimento do milho (tanto do milho *Rabi* como do milho *Kharif*). O controlo das infestantes no milho é feito por diferentes métodos, como o controlo manual das infestantes, o controlo químico das infestantes e o controlo integrado das infestantes. Entre estes métodos químicos, o método químico de controlo de infestantes é mais económico, eficiente, consome menos tempo e aumenta mais o rendimento. Diferentes tipos de infestantes, como as infestantes de folha larga, as gramíneas e os juncos, afectam o crescimento e o rendimento do milho *Rabi.*

Essas ervas daninhas são controladas por diferentes produtos químicos, como herbicidas pré-emergentes (atrazina, pendimetalina etc.) e herbicidas pós-emergentes (2, 4-D). Atualmente, os agricultores aplicam apenas atrazina @1,0 kg a.i. ha^{-1} como pré-emergência e 2, 4-D @ 1,0 kg a.i ha^{-1} como herbicida pós-emergente no milho. Também está bem documentado que a persistência da atrazina no solo resulta em efeito residual (**Singh *et al.*, 2012**). Atualmente, está a ser utilizado um novo herbicida, o Topramezone, que é mais eficaz contra ervas daninhas de folha larga, bem como gramíneas e juncos.

Os microrganismos desempenham um papel fundamental no ciclo de nutrientes e no fluxo de energia no solo e são indicadores importantes da saúde do solo, da poluição do solo e da restauração ecológica. A aplicação de herbicidas pode inibir, ativar ou não ter efeitos nos microrganismos do solo. **Xu *et al.*** referiram que o esterano começou por diminuir a diversidade e abundância de bactérias do solo no campo de milho aos 10 dias, mas aumentou-as aos 60 dias após a aplicação, **Bezuglova *et al.*** demonstraram que a aplicação foliar do herbicida sulfonilureia diminuiu a abundância de bactérias, especialmente as de crescimento rápido, no solo de trigo de inverno, enquanto **Kepler *et al.*** verificaram que o glifosato não afectou a composição global da comunidade microbiana no solo cultivado com milho ou soja.

A topramezona é o herbicida seletivo e pós-emergência que foi recentemente introduzido para utilização no milho. Estes herbicidas inibem a 4-hidroxifenil-piruvato dioxigenase (4-HPPD) e a biossíntese de plastoquinona, com a subsequente formação de pigmentos carotenóides, resultando na rutura da estrutura das membranas e da clorofila **(Porter *et al.*, 2005)**. A eficácia e a seletividade deste herbicida ainda não foram exploradas no milho. Por conseguinte, é necessário avaliar um herbicida pós-emergência alternativo que possa proporcionar um controlo de largo espetro das ervas daninhas no milho na situação indiana.

Existem muito poucas opções de herbicidas disponíveis para o controlo de ervas daninhas no milho na Índia. Atualmente, os herbicidas utilizados para o controlo de ervas daninhas incluem a aplicação pré-emergente de atrazina, simazina, pendimetalina, alaclor e a aplicação pós-emergente de 2,4-D. A maior parte destes herbicidas apenas proporciona um espetro estreito de controlo de infestantes no milho **(Patel *et al.*, 2006)**. Uma tática alternativa baseada em herbicidas para controlar as ervas daninhas pode incluir a utilização de herbicidas recentemente lançados com novos modos de ação. O seu efeito na microflora do solo também deve ser estudado, o que é uma consideração importante na agricultura atual, uma vez que se dá muita importância à saúde do solo. Tendo em conta todos estes aspectos, procurou-se descobrir herbicidas eficazes para a gestão das infestantes no milho e também o seu efeito na atividade da desidrogenase do solo, que é um indicador da atividade dos micróbios do solo.

Tendo em conta o que precede, foi realizada uma experiência de campo intitulada **"Estudos sobre a bioeficácia de herbicidas pós-emergência no milho Rabi (*Zea mays* L.)"** na Agronomy Research Farm, Acharya Narendra Deva University of Agriculture and Technology, Kumarganj, Ayodhya (U.P.), com os seguintes objectivos principais

1. Descobrir o efeito dos tratamentos de controlo de ervas daninhas na cultura do milho e nas ervas daninhas associadas,

2. estudar a bioeficácia de vários herbicidas contra a flora infestante do milho rabi,

3. determinar a fitotoxicidade do herbicida topramezona 336g/l wv na cultura do milho e
4. para descobrir a economia de vários tratamentos de controlo de ervas daninhas

CAPÍTULO II

Revisão da literatura

O milho é um cereal importante em muitos países desenvolvidos e em desenvolvimento do mundo. Excluindo as variáveis ambientais, as perdas de rendimento do milho são causadas principalmente pela concorrência das infestantes. As infestantes competem com as plantas cultivadas por espaço, luz, humidade, nutrientes e dióxido de carbono, o que reduz não só o rendimento, a qualidade do grão e dificulta as operações de colheita, mas também aumenta o custo de produção. O método de controlo químico é mais rápido, mais eficaz e poupa tempo e trabalho do que outros. Por conseguinte, a utilização de herbicidas é uma componente essencial do êxito da produção moderna de milho. Neste capítulo, tentou-se compilar as principais conclusões dos estudos anteriores sobre várias práticas de gestão de infestantes, nos seguintes subtítulos.

2.1 Flora infestante associada ao milho.

2.2 Competição entre culturas e ervas daninhas no milho.

2.3 Métodos de controlo de infestantes no milho.

2.4 Efeito da gestão das ervas daninhas no seu crescimento.

2.5 Efeito da gestão de ervas daninhas no crescimento, atributos de rendimento e rendimento do milho.

2.6 Efeito fitotóxico dos herbicidas nas culturas.

2.7 Efeito dos herbicidas nas propriedades físico-químicas e biológicas do solo.

2.8 Economia da gestão das infestantes no milho.

2.9 Flora infestante associada ao milho

Pandey *et al.* (2002) consideraram que a principal flora infestante encontrada nos campos experimentais era o arroz-do-mato (*Echinochloa colonum* L.), entre as infestantes herbáceas, a azeda (*Oxalis tatialia* L.) e a erva-de-cabra *(Ageratum* conyzoides L.), entre as infestantes não herbáceas, e a noz-roxa *(Cyperus rotundus* L.).

Mahadi *et al.* (2007) referiram que, num campo de cultivo de milho (Nigéria), as espécies de folhas largas como *Commelina bengalensis* L., *Convolvulus arvensis* L., *Portulaca oleraceae* L. e o junco *Cyperus rotundus L.* eram as ervas daninhas mais dominantes no local experimental.

Abouziena *et al.* (2008) verificaram que, na cultura do milho, as principais infestantes presentes no local experimental incluíam a beldroega comum *(Portulaca oleraceae*) e a nalta juta *(Sida alba*) como infestantes de folha larga e erva-dos-prados *(Echinochloa colonum*) e erva-dos-pés-de-cabra *(Dactyloctenium aegyptium*) como gramíneas.

Tahir *et al.* (2009) concluíram que, no milho plantado na primavera, *Cyperus rotundus* (Deela), *Tribulus terrestris* (Bakhra), *Dactyloctenium aegyptium* (capim Madhana), *Cynodon dactylon* (capim Khabal), *Fumaria indica* (Shahtara), *Chenopodium album* (Bathu), *Convolvulus arvensis* (lehli), *Rumex dentatus* (Jangli Palak) e *Portulaca oleracea* (Kulfa) estavam presentes no campo, mas *Cyperus rotundus* (Deela) e *Tribulus terrestris* (Bakhra) eram as ervas daninhas dominantes.

Verma *et al.* (2009) verificaram que no campo de milho de inverno predominava uma população abundante de *Chenopodium album*, que parecia ser muito agressiva nas fases iniciais de crescimento e desenvolvimento da cultura do milho. A competição de *Chenopodium album* com outras espécies de infestantes no campo experimental, nomeadamente *Phalaris minor* e *Convolvulus arvensis*, era bastante evidente. De facto, verificou-se que a população de *Convolvulus arvensis, Anagallis arvensis* e *Melilotus alba* foi afetada devido ao efeito competitivo das plantas *de Chenopodium album* e *Phalaris minor*.

Dangwal *et al.* (2010) referiram que, no milho de inverno, das 53 espécies de infestantes registadas na área de estudo, as infestantes como *Avena fatua, Anagallis arvensis, Chenopodium album, Cirsium arvense, Fumaria parviflora, Lathyrus aphaca, Melilotus indica, Parthenium hysterophorus, Phalaris minor, Rumex dentatus, Vicia hirsuta* e *Vicia sativa* eram infestantes comuns das culturas de *rabi* na área de estudo. As ervas daninhas como *Euphorbia dracunculoides, Lolium temulentum, Polygonum barbatum, Polygonum persicaria* e *Ranunculus sceleratus* foram registadas sobretudo em campos irrigados.

Zhang *et al.* (2013) concluíram que, em campos de milho (China), foram encontradas diferentes flora de ervas daninhas, como *Eleusine indica*, *Amaranthus retroflexus*, *Setaria faberi* Herrm., *Portulaca oleraceae*, *Acalypha australis*, *Physalis angulata*, *Digitaria sanguinalis* Scop, *Chenopodium album, Abutilon theophrasti* Medik, *Echinochloa crusgalli*, *Calystegia hederacea* Wall e *Solanum nigrum*.

Bhutto *et al.* (2019) observaram várias ervas daninhas no campo de milho de inverno em Tandojam, Sindh, (Paquistão) que incluem *Chenopodium album, Rumex dentatus L., Phalaris minor, Anagallis arvensis, Convolvulus arvensis, Chenopodium morale L., Cynodon dactylon e Cyperus rotundus.*

Narendra *et.al* (2019) relataram que a flora predominante de ervas daninhas no campo de milho era *Echinochloa crusgalli L.* e *Cynodon dactylon L.* entre monocotiledôneas*; Cyperus rotundus L. entre juncos;* e *Amaranthus viridis L., Digera arvensis L., Portulaca oleracea L., Alternanthera sessilis L. e Trianthema spp*. entre dicotiledôneas na Índia.

Singh *et al.* (2021) observaram que a parcela experimental estava uniformemente infestada com as ervas daninhas gramíneas *Echinochloa colonam* (41,0 e 49,4%), *Digitaria sanguinalis* (6,6 e 12,0%), *Bracharia ramose (*4,7 e 3,7%), enquanto as BLWs incluíam *Phyllanthus niruri* (4,3 e 5,94%), *Cleome viscosa* (2,7 e 3,5%) e *Trianthema monogyna. Cyperus rotundus* foi o único junco em ambas as estações.

2.10 Competição entre culturas e ervas daninhas no milho

Nas culturas de inverno *(Rabi)*, as infestantes de folha larga tendem a ser mais competitivas do que as gramíneas. O fecho do dossel do milho pode limitar a capacidade competitiva das ervas daninhas. No entanto, as infestantes de folha larga são mais capazes de evitar os efeitos de sombreamento do milho e competir durante mais tempo na estação de crescimento. As ervas daninhas que germinam cedo são geralmente mais competitivas do que as ervas daninhas que emergem mais tarde na estação de crescimento.

Zimdahl (1981) verificou que o período crítico para o controlo de infestantes no milho varia entre 14 e 42 dias após a sementeira ou entre a fase de quatro e oito folhas do milho em condições de cultivo europeias e norte-americanas. Do mesmo modo, Kamble *et al.* (2005) referiram que a fase crítica de competição das infestantes na cultura do milho é de 30 a 45 dias após a sementeira. Assim, o controlo das infestantes no milho durante o período crítico assume grande importância para a obtenção de maior rendimento.

Uremis *et al.* (2009) verificaram que a duração da competição das ervas daninhas e o tempo de remoção das mesmas também afectam o despontar, a silagem, a altura da planta, o diâmetro do caule, a altura da primeira espiga e o número de grãos numa espiga, que estão correlacionados com o rendimento do milho. Por isso, mantenha o campo limpo até ao fim do período crítico, 5-6 semanas após a sementeira da cultura.

Gantoli *et al.* (2013) observaram que os rendimentos do milho sem competição de ervas daninhas variaram de 2,8 a 3,4 t ha^{-1} . Em geral, a perda de rendimento do milho devido à infestação de infestantes em diferentes fases de crescimento variou entre 38 e 65% em comparação com parcelas permanentes sem infestantes. Verificaram também que o período crítico para o controlo das infestantes começava na fase de quatro a seis folhas e continuava até à fase de dez folhas ou à floração do milho.

Naik e welayutham (2018) sugeriram que a competição máxima de ervas daninhas no milho *rabi* ocorre durante o período de 2 a 6 semanas após a semeadura, sugerindo a importância de manter o ambiente livre de ervas daninhas durante o estágio inicial, que é o período crítico da competição de ervas daninhas.

Narendra *et al.* (2019) observaram que a população de ervas daninhas estava a aumentar de dia para dia nos campos de milho, especialmente onde os agricultores estavam a utilizar atrazina ano após ano. Ele recomendou que os herbicidas com um amplo espetro de controlo de ervas daninhas são altamente essenciais para o controlo eficaz de gramíneas, juncos e ervas daninhas de folhas largas. Assim, a fim de alargar o espetro de controlo das infestantes, é desejável utilizar combinações de dois herbicidas com diferentes modos de ação e práticas integradas de gestão das infestantes para um melhor controlo das mesmas.

2.11 Métodos de controlo de infestantes no milho

2.3.1 Método manual

A biomassa de ervas daninhas mais baixa foi registada na cultura do milho no tratamento livre de ervas daninhas (HW aos 20 e 40 DAS), que foi estatisticamente superior ou significativo para os outros e seguido pela aplicação de atrazina @ 1,0 kg *a.i.* ha^{-1} como PE *fb* capina manual aos 30 DAS **(Sanodiya *et al.* 2013).**

Jose *et al.* (2007) concluíram que, em campos de milho, quando há condições de baixa infestação de ervas daninhas, a dose de herbicida pode ser diminuída em 15-30% sem qualquer redução significativa no rendimento de grãos com a aplicação de uma monda mecânica.

Ullah *et al.* (2008) concluíram que a aplicação de pendimetalina @ 1,0 kg *a.i.* ha^{-1} como PE *fb* monda manual às 6 semanas após a sementeira foi eficaz no controlo de ervas daninhas e registou a menor biomassa de ervas daninhas aos 25 DAS.

Tahir *et al.* (2009) relataram que a eficiência máxima de controlo de ervas daninhas (90,68%) na cultura do milho foi registada com pendimetalina @ 1050 g *a.i.* ha^{-1} como PE *fb* enxada manual duas vezes aos 20 e 40 DAS, que foi seguido pela aplicação de mistura no tanque de pendimetalina + prometryn @ 1225 g *a.i.* ha $.^{-1}$

Malviya *et al.* (2012) encontraram maior rendimento de grãos de milho com capina manual aos 20 e 40 DAS, que foi igual ao da pendimetalina @ 1,0 kg *a.i.* ha^{-1} como PE *fb* capina manual aos 30 DAS.

2.3.2 Método químico

Soltani *et al.* (2012) trabalharam no manejo de ervas daninhas em milho e descobriram que a aplicação de topramezona no estágio de 2-3 folhas para *Eragrostis cilianensis* (95%) e *Digitaria ischaemum* (94%) foi reduzida para supressão (81 e 84%, respetivamente) no estágio de 5-6 folhas de crescimento de mudas. O topramezono suprimiu *o Panicum dichotomiflorum* (77 a 62%) quando aplicado em qualquer das fases de crescimento.

Gatzweiler *et al.* (2012) descobriram que o Tembotrione (herbicida inibidor de HPPD) @ 200 g *a.i.* ha^{-1} foi menos eficaz no controlo de ervas daninhas monocotiledóneas, mas quando misturado no tanque com o protetor isoxadifen-ethyl @ 200 + Tembotrione 100 g *a.i.* ha^{-1} controlou eficazmente as ervas daninhas monocotiledóneas e dicotiledóneas da cultura do milho. A Tembotriona juntamente com o protetor, duas semanas após a aplicação, foi considerada 10% melhor do que sem a aplicação do protetor.

Kumar *et al.* (2012) referiram que a aplicação de pendimetalina @ 1,5 kg *a.i.* ha^{-1} como PE seguida de atrazina @ 0,75 kg *a.i.* ha^{-1} como PoE registou um peso seco de ervas daninhas significativamente mais baixo no campo de milho e foi a par com a aplicação PE *fb* PoE de atrazina @ (1,5 *fb* 0,75g *a.i.* ha^{-1}) e atrazina + pendimetalina (0,75 + 0,75 kg *a.i.* ha^{-1}) como PE *fb* PoE aplicação de 2, 4-D @ 0,75 kg *a.i.* ha .$^{-1}$

Madhavi *et al.* (2014) trabalharam em experiências de controlo de ervas daninhas na cultura do milho com herbicida pós-emergência e descobriram que a aplicação de mistura de tanque de herbicida pós-emergência topramezone + atrazine @ 25,2 + 250 g *a.i.* ha^{-1} registou uma eficiência de controlo de ervas daninhas significativamente maior de gramíneas, juncos e ervas daninhas de folhas largas e registou a menor matéria seca de ervas daninhas e maior rendimento de grãos de milho que estava a par com a remoção manual de ervas daninhas.

Baldaniya *et al.* (2018) encontraram a maior eficiência de controle de ervas daninhas (73,9%) no milho com PoE da formulação de mistura de tanque de Atrazina 0,5 $kgha^{-1}$ + Topramezone 0,025 kg ha^{-1} aos 20 DAS.

Iqbal *et al.* (2020) revelaram que a utilização de atrazina e pendimetalina é um componente muito importante dos actuais sistemas de gestão de infestantes para o milho, com maior eficiência de controlo de infestantes, menor densidade de infestantes e peso seco. A atrazina @ 1,2 kg de ingrediente ativo por ha e a pendimetalina @ 1,0 a.i. $kgha^{-1}$ são importantes para reduzir a emergência de ervas daninhas nas fases iniciais de crescimento do milho.

Champak *et al.* (2020) relataram que a aplicação de 2,4-D amina 50% SL 2,0 kg a.i. ha^{-1} e de 2,4-D amina 50% SL1,0 kg a.i. ha-^{1} resultaram num controlo significativamente eficaz das ervas daninhas, seguido de Atrazina 50% WP 0,25 kg a.i. ha^{-1} e contribuíram para um rendimento de grãos significativamente elevado através destes tratamentos, que foram estatisticamente comparáveis à monda manual duas vezes. Mesmo até 2,0 kg a.i. ha^{-1} de aplicação de 2, 4-D amina 50% SL não foi encontrada fitotoxicidade no milho.

2.12 Efeito do método químico no crescimento das ervas daninhas

2.4.1 Densidade das infestantes

Mundra *et al.* (2003) observaram que, na cultura do milho, a densidade mais baixa de ervas daninhas foi registada com a aplicação de atrazina a 0,50 kg *a.i.* ha^{-1} como PE, seguida de intercultivo aos 35 DAS, e foi encontrada a par com o intercultivo aos 20 e 35 DAS.

Patel *et al.* (2006) observaram que a aplicação da mistura de atrazina + pendimetalina @ 0,5 + 250 kg *a.i.* ha^{-1} como PE observou uma densidade de ervas daninhas significativamente menor do que a de atrazina + alaclor @ 0,5 + 0,5 kg *a.i.* ha^{-1} como PE no milho.

Singh *et al.* (2012) notaram que o herbicida tembotrione@ 120 g *a.i* ha^{-1} como PoE junto com o uso de surfactante observou uma densidade significativamente mais baixa de gramíneas *Echinochloa colonum* L. e *Digitaria sanguinalis* L., junça *Cyperus rotundus* L. e nenhuma erva daninha de folhas largas aos 30 DAS.

Madhavi *et al.* (2014) relataram que o controlo de ervas daninhas no milho através da aplicação de mistura de tanque de herbicida pós-emergência topramezone + atrazine @ 25,2 + 250 g *a.i.* ha^{-1} registou uma densidade significativamente menor de gramíneas, juncos e ervas daninhas de folhas largas em comparação com outros tratamentos nessa experiência.

A aplicação de misturas em tanque de doses reduzidas de herbicida químico pós-emergente tembotriona @ 44 ou 22 g ha^{-1} + adjuvantes (MSO +AMN) juntamente com isoxaflutole registou uma densidade significativamente mais baixa de *Chenopodium album* L., *Viola arvensis* L. e *Brassica napus* L. e foi tão eficaz como a aplicação de herbicida na dose recomendada de 88 g *a.i.* ha^{-1} **(Idziak e Woznica, 2014).**

2.4.2 Acumulação de matéria seca das infestantes

No milho, a aplicação em tanque de mesotriona + atrazina@ 100 + 750 g *a.i.* ha^{-1} como PoE resultou na diminuição da acumulação de matéria seca de gramíneas, juncos e ervas daninhas de folhas largas em 93, 80 e 94%, respetivamente **(James *et al.*, 2006).**

Singh e Sheoran (2008) esclareceram que o uso de atrazina @ 1,0 kg *a.i.* ha^{-1} como PE em combinação com uma enxada manual aos 35 DAS resultou na menor matéria seca total de ervas daninhas

Jonathon *et al.* (2013) observaram que a aplicação de mistura de tanque de tembotriona + atrazina @ 92 + 560 g *a.i.*. ha^{-1} como PoE registou 60% de redução na matéria seca total de *Amaranthus palmeri* ao mesmo nível que a topramezona + atrazina @ 18+ 560 g *a.i.* ha^{-1} e mesotriona + atrazina @ 105 + 560 g *a.i.* ha .$^{-1}$

Kumari *et al.* (2014) relataram que a aplicação do herbicida acetacloro @ 2250 g *a.i.* ha^{-1} como PE fb. 2, 4-D Na salt @ 500 g *a.i.*. ha^{-1} como PoE observou a menor matéria seca de ervas daninhas e a par com a aplicação de topramezone + atrazine (25,2 + 250 gha^{-1}) e tembotrione + isoxadifenethyl@ (105 + 52 g ha^{-1}) + adjuvante como PoE.

2.4.3 Eficiência do controlo das infestantes

Malviya *et al.* (2012) considerou que a eficiência do controlo de ervas daninhas foi observada mais elevada com a monda manual aos 20 e 40 DAS em comparação com outros tratamentos como a aplicação de pendimetalina @ 1,0 kg *a.i.* ha^{-1} como PE e monda manual aos 30 DAS.

Jonathon *et al.* (2013) observaram que 95% das ervas daninhas foram controladas com a aplicação de mistura em tanque de herbicidas inibidores de HPPD, *a saber,* topramezona, tembotriona e mesotriona, juntamente com a aplicação de atrazina em pré-emergência em diferentes doses (@ 18+560, 92+560 e 105+560 g *a.i.* ha^{-1}) quando o amaranto estava a 8 cm de altura.

Madhavi *et al.* (2014) confirmaram que a aplicação de mistura no tanque de topramezone + atrazine @ 25.2 + 250 g *a.i.* ha^{-1} como PoE junto com o adjuvante óleo de semente metilado deu a maior eficiência de controle de ervas daninhas de gramíneas, juncos e ervas daninhas de folhas largas em comparação com a aplicação de herbicida sem adjuvante. O adjuvante aumentou a taxa de absorção do herbicida no local alvo.

Samanth *et al.* (2015) descobriram que a eficiência do controlo de ervas daninhas foi observada mais elevada com a monda manual aos 20 e 40 DAS em comparação com outros tratamentos com herbicidas químicos como a atrazina @ 1,0 kg *a.i.* ha^{-1} como PE *fb* monda manual aos 30 DAS.

2.4.4 Índice de infestantes

Gopinath e Kundu (2008) observaram o menor índice de ervas daninhas quando a aplicação de atrazina @ 1,25 kg *a.i.* ha^{-1} como PE *fb* Capina manual aos 30 DAS.

Shah *et al.* (2011) observaram, com base na sua experiência, que o índice de ervas daninhas foi significativamente mais baixo quando a aplicação de pendimetalina @ 0,5 kg *a.i.* ha^{-1} como PE *fb* monda manual aos 45 DAS.

Sanodiya *et al.* (2013) descobriram que o índice de ervas daninhas foi menor, quando a aplicação de atrazina @ 1,0 kg *a.i.* ha^{-1} como PE e este tratamento é seguido por capina manual aos 30 DAS.

Samanth *et al.* (2015) concluíram que o índice de ervas daninhas foi registrado mais baixo na capina manual aos 30 DAS após a aplicação química do herbicida atrazina @ 1,0 kg *a.i.* ha^{-1} como PE seguido por atrazina 1,5 kg ha-^{1} *fb* uma capina manual aos 30 DAS.

2.4.5 Remoção de nutrientes pelas ervas daninhas

Malviya *et al.* (2012) descobriram que duas capinas manuais aos 20 e 40 DAS foram relatadas como significativamente máximas na absorção de nutrientes pelo grão e pelo caule do milho, seguidas pelo alaclor @ 2,0 kg *a.i.* ha^{-1} como *PE fb* A capina manual aos 30 **DAS** foi igual ao tratamento sem ervas daninhas.

Kour *et al.* (2014) relataram que o uso de atrazina @ 0,5 kg *a.i.* ha^{-1} como PE observou significativamente menor absorção de N, **P** e K por ervas daninhas presentes no campo experimental e máxima absorção pela cultura do milho e isso é devido ao controle eficiente de ervas daninhas por aplicação pré-emergência de atrazina que resultou em menor acúmulo de matéria seca de ervas daninhas.

Samanth *et al.* (2015) relataram que entre as diferentes práticas de manejo de ervas daninhas no milho e descobriram que a absorção máxima de N, P e K pela cultura na capina manual aos 20 e 40 DAS. *fb* atrazina @ 1,0 kg *a.i.* ha^{-1} como PE *fb* capina manual aos 30 DAS e depleção mínima na verificação de ervas daninhas.

2.13 Efeito da gestão de infestantes no crescimento, atributos de rendimento e rendimento do milho

2.5.1 População inicial e final de plantas

Kumar *et al.* (2012) observaram a maior população de plantas de milho com a aplicação de mistura de tanque de atrazina + pendimetalina @ 0,75 + 0,75 *fb* 2, 4-D @ 0,75 kg *a.i.* ha^{-1} enquanto a população máxima inicial e final de plantas de milho foi observada com a aplicação de herbicida pré-emergente atrazina como @ 1,5 kg *a.i.* ha^{-1} *fb*. Capina manual aos 30 DAS (Swarupa, 2008).

2.5.2 Altura da planta

Naveed *et al.* (2008) descobriram que a altura máxima da planta de milho foi registada com a enxada manual aos 20 e 40 DAS e foi igual ao tratamento de foramsulfurão + isoxadifen-ethyl @ 1125 g *a.i.* ha^{-1} como PoE com e sem 3% de ureia.

Nadeem *et al.* (2010) observaram que a aplicação de topramezone @ 50 g *a.i.* ha^{-1} + adjuvante DASH nas fases de 2-4 a 6-8 folhas do milho não influenciou a altura da planta da cultura do milho (Thomas *et al.*, 2010). Enquanto que a altura máxima foi registada com metolachlor + atrazine @ 111O+740 g *a.i.* ha^{-1} como PE *fb* enxada manual foi a par com a enxada manual aos 25 e 50 DAS.

Numa outra experiência, a maior altura de planta foi registada quando a atrazina foi aplicada a 1,25 kg *a.i.* ha^{-1} como PE *fb* Mão de monda a 30 DAS e isto foi encontrado a par com o tratamento sem ervas daninhas **(Gopinath e Kundu, 2008)**.

Soltani *et al.* (2007) concluíram que o uso de topramezona em diferentes doses como 0, 50, 75, 100, 150 e 300 g *a.i.* ha^{-1} não influenciou significativamente a altura da planta de sete híbridos de milho doce.

2.5.3 Índice de área foliar

Lindquist *et al.* (2005) descobriram que o aumento do índice de área foliar e o desenvolvimento acelerado da copa melhoraram a capacidade competitiva do milho contra *Abutilon indicum* L. e *Tephrosia purpurea* L.

Verma *et al.* (2009) observaram que a monda manual do milho aos 20 DAS *a partir do* início da sementeira registou um índice de área foliar máximo, seguido de atrazina a 1,0 kg *a.i.* ha^{-1} como PE.

Choudhary *et al.* (2012) observaram na sua experiência que o cultivo único de milho registou o maior número de folhas e índice de área foliar em comparação com o cultivo intercalar, o que se deve ao facto de a maior disponibilidade de espaço no cultivo único de milho ter reduzido a competição de luz e nutrientes.

2.5.4 Produção de matéria seca

Babiker *et al.* (2013) revelaram que o uso de herbicida químico na forma de aplicação de mistura de tanque de pendimetalina + gesaprim @ 1,5 1 ha^{-1} + 1,6 kg *a.i.* ha^{-1} como PE foi observado o peso seco máximo de broto de milho. Em outro experimento, o acúmulo máximo de matéria seca foi encontrado na aplicação sequencial do herbicida atrazina @ 1,5 como PE *fb* 0,75 kg *a.i.* ha^{-1} *como* PoE **(Kumar *et al.*, 2012)**.

Verma *et al.* (2009) concluíram que, no milho, para o controlo de ervas daninhas, a monda manual aos 20 DAS *a partir do* início da sementeira registou a altura máxima seguida da aplicação do herbicida atrazina@ 0,5 kg *a.i.* ha^{-1} como PE *a partir do início da sementeira* aos 20 DAS.

Observa-se que o peso seco máximo das plantas de milho foi registado no tratamento sem ervas daninhas, e foi considerado significativamente superior ao tratamento de controlo com ervas daninhas **(Malviya e Singh 2007)**.

***2.5.5* Número de espigas**

Pandey *et al.* (2001) verificaram na sua experiência que a utilização do herbicida alacloro no milho a 2,0 kg *a.i.* ha^{-1} como PE para controlo de ervas daninhas *por meio de* aterragem aos 30 DAS permitiu obter o número máximo de espigas por hectare.

Sharma e Gautam (2003) revelaram que, na cultura do milho, o número máximo de espigas por hectare foi encontrado no tratamento com monda manual aos 25 e 45 DAS, em comparação com outros tratamentos.

2.5.6 Comprimento das espigas

Walia *et al.* (2007) verificaram que o comprimento máximo da espiga de milho foi registado no tratamento de atrazina + pendimetalina @ 0,75 +0,75 kg *a.i.* ha^{-1} . Foi encontrado a par com atrazina @ 1,0 kg *a.i.* ha^{-1} *fb* capina manual e tratamento livre de ervas daninhas.

Malviya *et al.* (2012) observaram que a utilização de herbicida alaclor a 2 kg *a.i.* ha^{-1} como PE registou um comprimento máximo de espiga e, por conseguinte, foi considerado igual ao tratamento sem ervas daninhas.

Kumar *et al.* (2013) concluíram que o maior comprimento de espiga no milho foi observado na lavoura convencional, onde a capina manual foi feita aos 15 e 30 **DAS** foi encontrada a par com o glifosato como incorporação pré-plantio seguido por atrazina + halossulfurão @ 1,0 kg + 90 g *a.i.* ha^{-1} como PoE.

Sanodiya *et al.* (2013) considerou que o comprimento máximo das espigas de milho foi registado na monda manual aos 20 e 40 DAS, a par da atrazina a 1,0 kg *a.i.* ha^{-1} como PE+ monda manual aos 30 DAS.

Foi relatado que o maior comprimento de espiga no milho foi registado na prática convencional do agricultor de monda manual aos 20 e 40 DAS e isto foi seguido por atrazina @ 1,0 kg *a.i.* ha^{-1} como PE *fb* monda manual aos 30 DAS **(Samanth *et al.*, 2015)**.

2.5.7 Espiga em linha de cereais^{-1}

Numa outra experiência com milho, o número máximo de linhas de grãos por espiga foi observado com o uso de atrazina @ 0,8 kg *a.i.* ha^{-1} como PE *fb* 2,4-D sal @ 0,5 kg *a.i.* ha^{-1} como PoE aos 30 DAS. **(Reddy, 2003).**

Saidulu (2004) trabalhou no manejo de ervas daninhas em experimento com milho e observou que o número máximo de fileiras de grãos por espiga em atrazina @ 1,5 kg *a.i.* ha^{-1} aplicado como PE *fb* intercultivo aos 20 DAS.

Naveed *et al.* (2008) consideraram que a aplicação de foramsulfurão em mistura no tanque + isoxadifen-ethyl @ 1125 g *a.i.* ha^{-1} + 3% de ureia como PoE registou o número máximo de linhas de grão por espiga e foi encontrado a par com a monda manual aos 20 e 40 DAS.

Nadeem *et al.* (2010) descobriram que a aplicação da mistura de metolacloro + atrazina @ 1110 + 740 g *a.i.* ha^{-1} como PE + enxada manual fez com que o número máximo de fileiras de grãos por espiga fosse observado.

Numa outra experiência de aplicação de mistura de atrazina + pendimetalina @ 1,0 + 0,5 kg *a.i.* ha^{-1} como PE *fb* 2, 4-D @ 0,75 kg *a.i.* ha^{-1} como PoE no milho foi observado o número máximo de linhas de grãos por espiga. **(Kumar *et al.*, 2012).**

2.5.8 Espiga de cereais^{-1}

Pandey *et al.* (2001) concluíram que a aplicação de alaclor @ 2,0 kg *a.i.* ha^{-1} como PE *fb* earthing up aos 30 DAS registou o maior número de grãos por espiga, a par do tratamento sem ervas daninhas.

Sinha *et al.* (2001) revelaram que o número máximo de grãos por espiga foi encontrado em atrazina + 2,4- D @ 1,0 + 0,8 kg *a.i.* ha^{-1} como PE em comparação com outros tratamentos.

Numa experiência de controlo de ervas daninhas no milho, a aplicação de atrazina + pendimetalina @ 0,5 + 0,5 kg *a.i.* ha^{-1} como PE registou o número máximo de grãos por espiga e isto foi igual ao alaclor + pendimetalina @ 0,5 + 0,25 kg *a.i.* ha^{-1} como PE e monda manual **(Patel *et al.*, 2006).**

Singh *et al.* (2012) consideraram que a aplicação de uma mistura no tanque de Tembotrione @ 120 g *a.i.* ha^{-1} como PoE juntamente com surfactante registou um número significativamente máximo de grãos por espiga que foi igual ao tratamento de monda manual a 20 e 40.

Malviya *et al.* (2012) relataram que o uso de pendimetalina @ 1,0 kg *a.i* ha^{-1} fb capina manual a 30 DAS foi encontrado número máximo de grãos por espiga foi a par com o tratamento livre de ervas daninhas.

Kumari *et al.* (2014) descobriram que a aplicação de alachlor @ 1250 g *a.i.* ha^{-1} como PE *fb* 2,4-D Na salt @ 500 g *a.i.* ha^{-1} como PoE produziu o número máximo de grãos por espiga em milho.

Sanodiya *et al.* (2013) observaram que o número máximo de grãos por espiga foi registado na monda manual aos 20 e 40 DAS e foi encontrado a par com atrazineas PE @ 1,0 kg *fb* monda manual aos 30 DAS.

Khan *et al.* (2020) referiram que a monda manual e os herbicidas aumentaram significativamente o peso do grão (g), o número de grãos por $espiga^{-1}$, e o rendimento do grão (kg ha^{-1}), o que contrasta com os nossos resultados, uma vez que os nossos tratamentos alelopáticos ultrapassaram o rendimento colhido na monda manual e na aplicação de atrazina.

2.5.9 Peso da espiga (g)

Walia *et al.* (2007) registou que a aplicação mista de atrazina + pendimetalina @ 0,5 + 0,5 kg *a.i.* ha^{-1} como PE *fb* monda manual aos 30 DAS foi observado o peso máximo da espiga e foi a par com pendimetalina @ 1,0 kg ha^{-1} como PE.

Singh *et al.* (2012) consideraram que a aplicação da mistura no tanque de Tembotrione @ 120, 110 e 100 g *a.i.* ha^{-1} como PoE juntamente com surfactante registou um peso máximo de espiga em comparação com outros tratamentos.

Nadiger *et al.* (2013) revelaram que o peso máximo da espiga de milho foi observado em atrazina 1,0 kg *a.i.* ha^{-1} como PE *fb* Intercultivo aos 20 DAS foi encontrado a par com o tratamento sem ervas daninhas.

Sanodiya *et al.* (2013) descobriram que o peso máximo da espiga foi observado com o uso de atrazina @ 1,0 kg *a.i.* ha^{-1} como PE *fb* capina manual aos 30 DAS foi encontrado a par com o tratamento sem ervas daninhas.

Samanth *et al.* (2015) observaram que o maior peso da espiga de milho com monda manual aos 20 e 40 DAS foi seguido por atrazina @ 1,0 kg *a.i.* ha^{-1} como PE *fb* Monda manual aos 30 DAS.

2.5.10 Peso do grão (g)

Pandey *et al.* (2001) revelaram que a utilização de alacloro @ 2,0 kg *a.i.* ha^{-1} como PE no milho *fb* earthing up aos 30 DAS registou o peso máximo do teste e foi igual à pendimetalina @ 1,0 kg *a.i.* ha^{-1} como PE *fb* earthing up aos 30 DAS.

Numa experiência de controlo de ervas daninhas na cultura do milho, observou-se o maior peso de teste com atrazina @ 1,25 kg *a.i.* ha^{-1} como PE *fb* monda manual aos 30 DAS **(Gopinath e Kundu, 2008).**

Nadeem *et al.* (2010) relataram que o peso máximo do teste foi observado com o uso de metolachlor + atrazine @ 1110 + 740 g *a.i.* ha^{-1} como PE *fb* enxada manual aos 30 DAS.

Patel *et al.* (2006) observaram que a mistura no tanque de atrazina + pendimetalina a 0,5 + 0,5 kg *a.i.* ha^{-1} como PE registou o peso máximo do teste e foi igual ao tratamento de monda manual.

Nadiger *et al.* (2013) relataram que o uso de atrazina @ 1,0 kg como PE *fb* capina manual aos 30 DAS registou o peso máximo de grãos de 100 sementes.

Singh *et al.* (2012) relataram que o peso máximo do teste foi registado em Tembotrione @ 120, 110 e 100 g *a.i.* ha^{-1} como PoE juntamente com ou sem o uso de surfactante.

2.5.11 Rendimento dos grãos

Patel *et al.* (2006) relataram que a monda manual proporcionou um rendimento de grão significativamente máximo e foi igual à aplicação de mistura de tanque de atrazina + pendimetalina a 0,5 + 0,5 kg *a.i.* ha^{-1} como PE. A utilização de misturas de herbicidas teve melhores resultados devido à maior persistência dos herbicidas em comparação com a aplicação individual de herbicidas.

Naveed *et al.* (2008) relataram, com base na sua experiência, que a aplicação da mistura de foramsulfurão + isoxadifen-ethyl @ 1125 g *a.i.* ha^{-1} como PoE + 3% de ureia foi observada significativamente no rendimento máximo de grãos e foi encontrada a par com a monda manual aos 20 e 40 DAS.

Ullah *et al.* (2008) notaram que o maior rendimento de grãos foi observado quando o uso de pendimetalina @ 1,0 kg *a.i.* ha-^{1} como PE *fb* capina manual 6 WAS na cultura do milho.

Gopinath e Kundu (2008) relataram que o rendimento máximo de grãos de milho no tratamento livre de ervas daninhas foi igual ao da atrazina @ 1,0 kg *a.i.* ha^{-1} como PE *fb* capina manual aos 30 DAS.

Chopra e Angiras (2008) trabalharam no controlo de ervas daninhas no milho e relataram que a aplicação de atrazina @ 1,5 kg *a.i.* ha^{-1} como PE registou um rendimento de grãos significativamente mais elevado em comparação com outros tratamentos.

Nadeem *et al.* (2010) observaram que o uso do herbicida metolachlor + atrazine @ 1110 + 740 g *a.i.* ha^{-1} como PE relatou rendimento máximo de grãos e foi encontrado a par com o tratamento manual de enxada + aterramento.

Reddy *et al.* (2012) verificaram que a aplicação de uma mistura no tanque de atrazina + glifosato a 0,75 + 0,8 kg *a.i.* ha^{-1} como suplemento de PE, permitiu obter um rendimento máximo de grãos que foi cerca de 170% superior ao do tratamento de controlo não-casado.

Singh *et al.* (2012) relataram que a aplicação de Tembotrione @ 120 g *a.i.* ha^{-1} como PoE juntamente com o uso de surfactante marcou significativamente o rendimento máximo de grãos em milho e foi par com a dose reduzida de Tembotrione @ 110 g *a.i.* ha^{-1} + surfactante e capina manual aos 20 e 40 DAS.

Madhavi *et al.* (2014) concluíram que a monda manual no milho deu um rendimento de grão significativamente mais elevado e foi igual à aplicação de mistura de tanque de topramezona + atrazina juntamente com o adjuvante MSO @ 25,2 + 250 g *a.i.* ha^{-1} e 21 + 250 g *a.i.* ha^{-1} e topramezona @ 25,2 + 250 g *a.i.* ha^{-1} sem aplicação de adjuvante.

Idziak e Woznica (2014) relataram que o uso de Tembotrione em combinação com isoxadifen-ethyl foram aplicados @ 88 g *a.i.* ha^{-1} uma vez na fase de 3-8 folhas da cultura do milho foi observado significativamente o rendimento máximo de grãos e foi encontrado a par com o tratamento dose reduzida de Tembotrione @ 44 ou 22 g *a.i.* ha^{-1} juntamente com adjuvante (MSO + AMN) aplicado uma ou duas vezes.

Hatti *et al.* (2014) descobriram que, entre os diferentes tratamentos químicos, foi observado um rendimento de grãos significativamente maior em oxyflurofen @ 200 g *a.i.* ha^{-1} + 2, 4D Na @ 500 g *a.i.* ha^{-1} como PoE foi a par com a capina manual aos 20 e 40 DAS, topramezone + atrazine @ 25,2 + 250 g *a.i.* ha^{-1} + MSO como PoE e uso de Tembotrione + isoxadifen ethyl @ I 05 + 52 + stefesmero como PoE.

Samanth *et al.* (2015) observaram que o maior rendimento de grama foi observado na prática convencional do agricultor, que é a capina manual aos 20 e 40 DAS, e isso foi seguido pelo tratamento atrazina @ 1,0 kg *a.i.* ha^{-1} como PE *fb* capina manual aos 30 DAS.

Kumar et al. (2021) revelaram que o aumento percentual do rendimento devido ao tratamento com piroxassulfona nas doses correspondentes de 125, 150, 175 e 300 g/ha foi de 21, 18, 14 e 7%, respetivamente, em relação ao tratamento de controlo sem ervas daninhas. Também foi referido que o aumento da dose de piroxasulfona para além de 125 g ha^{-1} reduziu o rendimento do milho.

Rasid *et al.* (2022) relataram que a monda manual duas vezes aos 20 e 40 DAS sob regimes de lavoura profunda aumentou o rendimento do grão de milho em 46% em comparação com o tratamento de controlo de ervas daninhas.

2.5.12 Rendimento do caule

Patel *et al.* (2006) concluíram que a aplicação de atrazina a 0,50 kg *a.i.* ha^{-1} como PE registou um rendimento significativamente mais elevado de palha de milho.

Chopra e Angiras (2008) observaram que o rendimento máximo de palha de milho foi encontrado no tratamento com atrazina @ 1,0 kg *a.i.* ha^{-1} como PE e foi encontrado a par com acetacloro @ 1,25 kg *a.i.* ha .$^{-1}$

Deshmukh *et al.* (2008) consideraram que o maior rendimento de palha de milho foi observado no caso da atrazina @ 0,75 kg *a.i.* ha^{-1} como PE *fb* capina manual aos 45 DAS.

Walia *et al.* (2007) observaram que a aplicação da mistura de atrazina + pendimetalina a 0,5 + 0,5 kg *a.i.* ha^{-1} como PE *fb* capina manual aos 30 DAS foi encontrada significativamente máxima produção de palha de milho.

Kumar *et al.* (2012) notaram que, no milho, a aplicação sequencial de atrazina (1,5 fb. 0,75 kg *a.i.* ha^{-1}) como PE *fb* PoE resultou num rendimento de palha significativamente máximo e foi encontrado a par com pendimetalina @ 1,5 kg ha^{-1} como PE. Noutra experiência, observou-se um rendimento máximo de milho quando a utilização de alaclor @ 2 kg *a.i.* ha^{-1} *fb* uma monda manual foi igual ao tratamento sem ervas daninhas **(Malviya *et al.*, 2012).**

Reddy *et al.* (2012) consideraram que a aplicação de atrazina + glifosato no tanque (0,75 + 0,8 kg *a.i.* ha^{-1}) como PE foi registada como rendimento máximo de palha no milho.

Kumar *et al.* (2013) relataram que a aplicação de atrazina + pendimetalina @ 1,0 + 0,5 kg *a.i.* ha^{-1} como aplicação de PE no milho seguido de metsulfuron-metil @ 0,004 kg *a.i.* ha^{-1} como PoE resultou em maior rendimento de palha em comparação com outros tratamentos.

Sanodiya *et al.* (2013) descobriram que o uso de atrazina @ 1,0 kg *a.i.* ha^{-1} como PE *fb* capina manual aos 30 DAS relatou o rendimento máximo de palha e foi encontrado a par com o tratamento de capina manual feito aos 20 e 40 DAS.

No milho híbrido, foi obtida uma maior produção de palha com a combinação de herbicidas atrazine 50 WP + pendimethalin 30 EC a 1 DAS. Seguiu-se a atrazina 50 WP 1,0 kg ha^{-1} como PE a 1 DAS com aplicação sequencial de tembotrione 42 SC 120 g ha^{-1} como PoE a 25 DAS sendo comparável com a monda manual a 20 e 40 DAS **(Gupta *et al.* 2018)**

2.5.13 Índice de colheita

Nadeem *et al.* (2008) descobriram que o índice máximo de colheita no milho foi observado quando a aplicação de foramsulfuron + isoxadifen-ethyl @ 1125 g *a.i.* ha^{-1} como PoE juntamente com 3% de ureia, que foi a par com foramsulfuron @ 1125 g *a.i.* ha^{-1} e capina manual aos 20 e 40 DAS.

Sanodiya *et al.* (2013) observaram que o índice de colheita máximo do milho foi encontrado na monda manual aos 20 e 40 DAS devido à monda contínua que foi encontrada a par com o tratamento atrazina @ 1,0 kg a.i. ha^{-1} como PE *fb* monda manual aos 30 DAS. **2.6 Fitotoxicidade**

Soltani *et al.* (2007) concluíram que não foram observados quaisquer sintomas fitotóxicos em híbridos de milho doce por topramezona aplicada em diferentes doses @ 50, 75, 100 e 150 g *a.i.* ha^{-1} como PoE na fase de 4-5 folhas de milho.

Joseph *et al.* (2008) realizaram um ensaio de campo em milho doce para avaliar a eficácia dos herbicidas inibidores da 4-hidroxifenil piruvato dioxigenase (HPPD) mesotriona, tembotriona e topramezona e concluíram que a aplicação pós-emergência de topramezona, tembotriona e mesotriona em mistura com atrazina @ (12+560, 92+560 e 105+560 g *a.i.* ha^{-1}) não registou fitotoxicidade e recomendou que estes herbicidas são seguros para o controlo de ervas daninhas no milho.

Schulte e Kocher (2009) não observaram qualquer efeito fitotóxico no milho devido à rápida degradação metabólica da tembotriona em combinação com o protetor isoxadifeno-etilo do que em dicotiledóneas e monocotiledóneas susceptíveis.

Thomas *et al.* (2010) realizaram uma experiência no norte da Grécia em 2008 e 2009 para determinar a resposta do milho em grão ao topramezona @ 50 g *a.i.* ha^{-1} aplicado com o adjuvante DASH no estádio de 2-4, 4-6 e 6-8 folhas de milho. Não se observaram sintomas fitotóxicos no primeiro ano, mas no segundo ano registaram-se sintomas ligeiros de branqueamento (branqueamento) de aproximadamente 8%, mas estes sintomas desapareceram 20 dias após o tratamento, sem efeito na altura, crescimento e rendimento da planta.

Dwidit *et al.* (2011) relataram que a aplicação de mistura de tanque de atrazina + acetachlor @ 0,56 + 0,83 kg *a.i.* ha^{-1} como PE *fb* mesotrione @ 0,11 kg *a.i.* ha^{-1} como PoE causando uma ligeira lesão de plantas em milho, *ou seja,* 3% e 8% em uma e três semanas após o tratamento devido ao aumento das doses de herbicida.

Idziak e Woznica (2014) observaram que a tembotriona usada em combinação com o protetor isoxadifen-ethyl e adjuvantes (MSO e AMN) aplicados uma vez nos estágios de 3-8 folhas do milho, seja na dose recomendada de 88 g *a.i.* ha^{-1} ou com doses reduzidas de 44 ou 22 g *a.i.* ha^{-1} não causou qualquer fitotoxicidade, mas quando o mesmo herbicida foi aplicado duas vezes nos estádios de 3 e 8 folhas do milho, resultou em 46% de danos na cultura aos 14 DAA e 21% de danos na cultura aos 28

DAA.

Madhavi *et al.* (2014) observaram que não houve sintomas fitotóxicos no milho após a aplicação de topramezona como PoE em diferentes doses variando de 16,8 a 25,2 g *a.i.* ha^{-1} aplicado sozinho ou por aplicação de mistura de tanque com atrazina e adjuvante.

Champak *et al.* (2020) observaram que os sintomas visuais de toxicidade para as culturas, como lesões foliares, clareamento de veias, epinastia, hiponastia, queimaduras e necrose, foram observados. Não se registaram sintomas de fitotoxicidade nas culturas entre os diferentes tratamentos, bem como na dose mais elevada de 2,4-D amina 50% SL 2,0 kg a.i. ha .$^{-1}$

2.7 Efeito dos herbicidas nas propriedades físico-químicas e biológicas do solo.

Perucci e Scarponi (1994) relataram que a taxa de campo de imazethapyr (50 g a. i. ha^{-1}) não teve efeito adverso sobre os processos microbianos tanto no ensaio de campo quanto nos experimentos de laboratório. No entanto, a aplicação de imazethapyr diminuiu o teor de carbono da biomassa microbiana do solo e a atividade da desidrogenase na cultura da soja, quando aplicado a taxas 10 e 100 vezes superiores.

Shylaja *et al.* (2002) observaram que a utilização de herbicidas inorgânicos reduziu a população de fungos, bactérias e actinomicetas do solo em todas as parcelas tratadas com herbicidas. A redução máxima da microflora do solo foi registada nas parcelas tratadas com alaclor e metolaclor e a mínima nas parcelas tratadas com oxyflourfen. Registou-se um aumento gradual da população microbiana à medida que o tempo avançava.

Singh e Singh (2009) registaram uma redução da população de microrganismos devido à aplicação de herbicidas, nomeadamente flucloralina (PPI), alaclor (pré-emergência), trifluralina (PPI), pendimetalina (pré-emergência) e oxyfluorfen (pré-emergência) (0,675, 2,5, 1,25, 1,00 e 0,5 kg a.i. ha^{-1} , respetivamente) no dia da aplicação dos herbicidas. No entanto, este efeito adverso dos herbicidas na população microbiana não foi observado no 20º dia após a aplicação, devido à degradação dos herbicidas no solo.

Suresh e Qureshi (2010) revelaram que a aplicação de doses mais baixas de pendimetalina a 1,0 kg a.i. ha^{-1} seguida de intercultivo aos 20-25 dias após a sementeira ou de monda manual manteve favoravelmente uma atividade mais elevada das enzimas do solo e da atividade microbiana no girassol.

Verificou-se uma diminuição da atividade da desidrogenase para todas as concentrações de herbicida aplicadas em doses mais elevadas (pretilacloro a 1,5 kg ha^{-1} oxifluorfena a 0,15 kg ha^{-1} e pendimetalina a 1,00 kg ha^{-1}) em comparação com doses mais baixas (pretilacloro a 1,00 kg ha^{-1} , oxifluorfena a 0,10 kg ha^{-1} e pendimetalina a 0,675 kg ha^{-1}) aos 20 DAS. Verificou-se um aumento da atividade enzimática do 40º ao 100º dia em todos os tratamentos. A partir dos estudos, parece que a atividade enzimática foi reduzida pela atividade prejudicial dos herbicidas até 20 a 30 DAS. Aos 40 DAS, a atividade da desidrogenase no solo foi reduzida em todos os tratamentos que receberam pulverização herbicida, em comparação com os 20 DAS. Isto pode ser devido à maior humidade do solo devido a chuvas fortes. No entanto, em fases posteriores do crescimento da cultura (60, 80 e 100 DAS), houve um aumento drástico na atividade da enzima desidrogenase nas parcelas tratadas com pretilachlor, oxyfluorfen, pendimethalin CS (em ambas as doses) e atrazine. Assim, o efeito nocivo destes herbicidas pode ter sido reduzido pela degradação microbiana em fases posteriores do crescimento da cultura **(Seemantini et al., 2013).**

Kumar *et al.* (2016) referiram que a utilização dos herbicidas recomendados não teve efeitos adversos na saúde microbiana do solo. A aplicação de isoproturon + 2,4 -D não teve efeito adverso na saúde do solo rizosférico.

Kumar *et al.* (2017) relataram que a atividade da desidrogenase do solo nos tratamentos tratados com herbicida foi significativamente reduzida até aos 60 DAS em comparação com as fases posteriores.

Delgado *et al.* (2018) relataram que os herbicidas não tiveram qualquer efeito na atividade da desidrogenase do solo aos 0 e 30 dias. Após 100 dias, não foram encontradas diferenças significativas entre o solo de controlo e o solo aplicado com herbicidas. Os investigadores concluíram que os efeitos negativos do prosulfocarbe e do triassulfurão foram amortecidos pelo composto verde na atividade da desidrogenase do solo ao longo do tempo.

Siddagangamma *et al.* (2020) relataram que a aplicação pré-emergência de pendimetalina 38,7 CS @ 0,34 kg a.i. ha^{-1} ou oxadiargil @ 0,04 kg a.i. ha^{-1} reduziu a população microbiana (bactérias, fungos e actinomicetos) e a atividade da enzima desidrogenase significativamente em relação aos tratamentos em que não foram aplicados herbicidas (controlo de ervas daninhas, sem ervas daninhas, monda manual). Embora os valores fossem iguais aos 60 DAS e à colheita, o que indica que o efeito do herbicida não persistiu durante mais tempo, uma vez que os herbicidas foram degradados no solo pelos micróbios, uma vez que os herbicidas foram utilizados como fonte de carbono para a multiplicação.

Kumar *et al.* (2020) observaram que o bispyribac-sodium diminuiu a atividade da desidrogenase do solo em 5,58-80,30% e 7,54-89,07% em comparação com o solo sem herbicida. Foi sugerido que a dose de BS deve ser reajustada para evitar o seu efeito perigoso em microrganismos não visados no solo de arroz.

Kaur *et al.* (2021) referiram que o tratamento com uma taxa baixa de imazethapyr causou um efeito não significativo na atividade da desidrogenase do solo, enquanto a inibição desta atividade foi mais pronunciada com uma dose elevada do herbicida.

2.8 Economia

Patel *et al.* (2006) observaram que o maior retorno líquido foi obtido com a aplicação de atrazina + pendimetalina @ 0,5 + 0,25 kg *a.i.* ha^{-1} como PE seguido por atrazina + alaclor @ 0,5 + 0,5 kg *a.i.* ha^{-1} como PE, enquanto a relação custo-benefício foi máxima quando atrazina + alaclor @ 0,5 + 0,5 kg *a.i.* ha^{-1} foram aplicados como PE.

Walia *et al.* (2007) concluíram que a aplicação de misturas de herbicidas no tanque apresentou um retorno líquido e uma relação custo-benefício máximos em comparação com o controlo. O retorno líquido máximo foi obtido com a aplicação de atrazine + pendimethalin @ 0.5+0.5 kg *a.i.* ha^{-1} como PE *fb* monda manual aos 30 DAS e foi seguido de perto por atrazine @ 0.75 kg *a.i.* ha^{-1} como PE *fb* monda manual aos 30 DAS. A relação custo-benefício máxima foi observada com a aplicação de atrazina + pendimetalina @ 0,5 + 0,5 kg ha^{-1} como PE.

Kumar *et al.* (2013) relataram que o controlo de ervas daninhas através da incorporação pré-plantação de glifosato seguido da aplicação de mistura em tanque de topramezona + atrazina @ 40 ml + 500 g *a.i.* ha^{-1} como PoE registou retornos líquidos e rácio custo-benefício consideravelmente mais elevados em comparação com o tratamento de controlo no milho.

Patel *et al.* (2013) descobriram que o maior retorno bruto foi relatado sob tratamento livre de ervas daninhas, que foi seguido de perto por atrazina @ 1,0 kg *a.i.*ha^{-1} como PE *fb* capina manual aos 30 DAS, enquanto o maior retorno líquido foi obtido sob aplicação combinada de atrazina + alaclor @ 0,75 + 2,25 kg *a.i.* ha^{-1} como POE

Madhavi *et al.* (2014) concluíram que, entre as diferentes práticas de gestão de ervas daninhas no milho, a aplicação de mistura de topramezona + atrazina @ 25,2 + 250 g *a.i.* ha^{-1} como PoE, juntamente com o adjuvante MSO, garantiu o máximo retorno líquido, enquanto a relação benefício: custo máximo foi observada com dose reduzida de topramezona + atrazina @ 21 + 250 g *a.i.* ha^{-1} + adjuvante MSO.

Mukherjee e Rai (2016) relataram que a aplicação de atrazina 1,0 kg ha^{-1} (pré-emergência) + atrazina 1,1 kg ha^{-1} (pós-emergência), deu o retorno líquido máximo (93.650 e 1,21.050 ha^{-1}) e retorno líquido por rupia investida (1.88 e 2,31), seguido pelo tratamento atrazina 0,75 kg ha^{-1} (pré-emergência) + atrazina 1,1 kg ha^{-1} (pós-emergência) (90.960 e 1.17.500 ha^{-1}).

Hatti *et al.* (2019) relataram que a aplicação pós-emergência de topramezona + atrazina @ 25,2 + 250 g *a.i.* ha^{-1} + sregistrou maior relação custo-benefício seguida por oxyflurofen @ 200 g *a.i.* ha^{-1} + 2, 4-D Na @ 500 g *a.i.* ha^{-1} como PoE.

CAPÍTULO III

MATERIAIS E MÉTODOS

Neste capítulo, as condições geográficas e meteorológicas em que a cultura experimental foi conduzida, bem como as técnicas e os materiais utilizados na realização da presente experiência, são apresentados nas rubricas seguintes;

Local experimental:

A experiência foi realizada na quinta de investigação agronómica da Acharya Narendra Deva University of Agriculture & Technology, Kumarganj, Ayodhya, U.P. A quinta está situada no campus principal da universidade, na estrada Ayodhya-Raibareilly, a uma distância de cerca de 42 km da sede do distrito de Ayodhya.

Condições meteorológicas:

O clima da região é sub-húmido a sub-tropical, com uma precipitação média anual de cerca de 1100 mm. Cerca de 85% da precipitação total provém das monções do sudoeste durante os meses de junho a setembro. No entanto, ocorrem ocasionalmente chuvas moderadas durante o inverno.

Os dados meteorológicos observados durante a safra experimental foram apresentados no Apêndice I. e representados na Fig 3.1. Os dados indicam que a temperatura média semanal mínima e máxima durante a estação de cultivo variou de $5,1^0$ C a $24,2^0$ C e $10,1^0$ C a $38,5^0$ C, respetivamente. A precipitação total recebida foi de 205,4 mm durante toda a época de cultivo. A humidade relativa (H.R.), a evaporação total semanal e as horas de sol variaram de 46,0 a 86,1%, 14,2 a 45,8 mm e 1,5 a 9,9 horas, respetivamente.

Solo do campo experimental:

Para estudar as caraterísticas físico-químicas do solo do campo experimental e o seu estado de fertilidade, a amostra de solo foi recolhida aleatoriamente em cinco locais do campo com a ajuda de um trado de solo até uma profundidade de 0-15 cm antes da aplicação de fertilizantes. Estas amostras foram misturadas e, em seguida, foi recolhida e analisada uma amostra composta representativa de todo o campo.

Os resultados das análises mecânicas e químicas são apresentados nos quadros 3.1 e 3.2.

Análise mecânica:

A análise mecânica do solo foi efectuada pelo "Método de Bouyoucos e Hidrómetro", tal como descrito por Bouyoucos (1936). Os resultados assim obtidos são apresentados no Quadro 3.1. De acordo com o método triangular de classificação do solo, tal como indicado por Lyon *et al.* (1952) e reconhecido pela Sociedade Internacional de Ciência do Solo (ISSS). A classe textural do solo do campo experimental foi classificada como solo franco-siltoso.

Tabela-3.1: Análise mecânica do campo experimental

S.N.	Componentes	Valores (%)	Método utilizado
1.	Areia	27.5%	Método do hidrómetro (Bouyoucos, 1936)
2.	Silte	54.0%	
3.	Argila	18.5%	
4.	Classe textural	Argila siltosa	Método triangular (Lyon *et al.*, 1952)

Análise química:

A amostra original do solo utilizada na análise mecânica foi também utilizada para a análise do azoto disponível, fósforo, potássio, carbono orgânico, pH do solo e condutividade eléctrica (CE) pelos métodos mencionados em relação a cada uma das caraterísticas químicas do solo apresentadas no Quadro-3.2. É claro a partir da Tabela-3.2 que o solo do campo experimental era ligeiramente alcalino em reação (7,9 pH), baixo em carbono orgânico (0,32%) e baixo em azoto disponível (180 kg ha^{-1}), fósforo (8,5 g ha^{-1}) e médio em potássio (210 kg ha^{-1}).

APÊNDICE

Dados meteorológicos médios recebidos durante o período de colheita (dezembro de 2020 - maio de 2021)

Mês/ano	norma cumprida. semana	Min. Tem. (°C)	Máximo. Tem. (°C)	RH média (%)	Pressão de vapor (mm)	Precipitação total (mm)	Vento Velocidade (Km/hr)	Luz do sol (horas)	Total Evaporação (mm)
Dez,2020	49	10.2	27.3	70.4	9.2	0.0	0.7	5.2	28.8
	50	11.0	19.8	74.2	11.3	0.0	1.5	1.9	26.8
	51	5.1	10.1	68.0	7.7	0.0	2.2	6.0	26.2
	52	5.9	26.0	76.4	9.5	0.0	2.0	8.3	27.0
Jan, 2021	1	9.1	19.3	75.7	9.9	7.8	3.3	3.8	15.3
	2	8.1	16.5	85.4	9.4	6.6	3.5	1.9	14.2
	3	10.2	18.6	86.1	10.9	21.0	3.2	1.5	17.0
	4	6.4	20.5	78.2	10.0	0.0	3.5	6.5	21.3
Fev,2021	5	7.3	21.8	74.2	9.8	0.0	4.4	6.7	24.4
	6	6.2	22.5	70.3	9.0	0.0	6.5	8.1	23.2
	7	8.8	22.8	67.3	10.4	0.0	5.4	8.4	25.8
	8	12.4	25.4	76.5	13.6	53.0	4.3	4.7	27.0
março de 2021	9	14.0	26.8	72.6	14.4	0.0	2.1	7.5	25.2
	10	13.9	26.2	73.9	14.3	68.0	5.3	6.4	26.2
	11	14.7	26.8	73.3	14.3	9.0	3.4	5.7	26.6
	12	15.7	29.5	68.4	15.3	0.0	2.6	8.0	34.4
	13	16.1	31.9	54.2	12.9	0.0	6.4	8.9	37.0
abril de 2021	14	16.0	34.7	46.0	11.1	0.0	4.9	9.9	45.0
	15	18.7	36.6	50.4	14.8	0.0	3.3	9.2	45.8
	16	21.5	36.8	55.9	16.8	10.0	4.2	9.3	45.8
	17	17.7	38.5	58.6	16.8	0.0	3.4	7.5	41.4
maio de 2021	18	24.2	36.6	51.6	16.5	0.0	4.2	6.9	41.6
	19	23.9	35.2	58.7	17.8	30.2	5.4	6.7	41.6

Fig. 3.1 Condições meteorológicas durante o período de cultivo

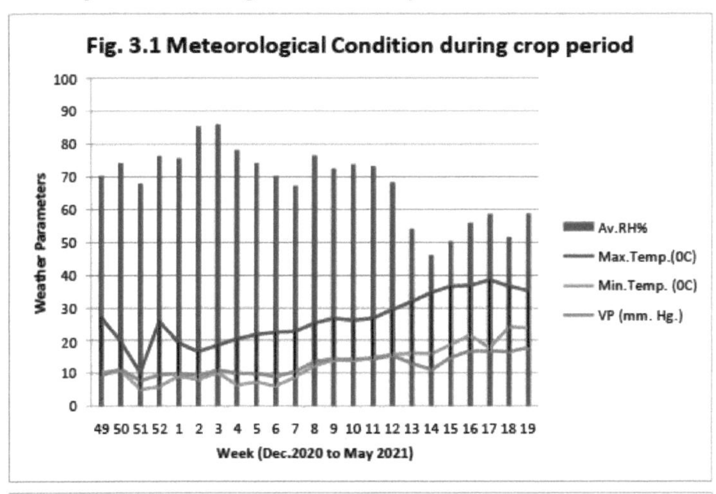

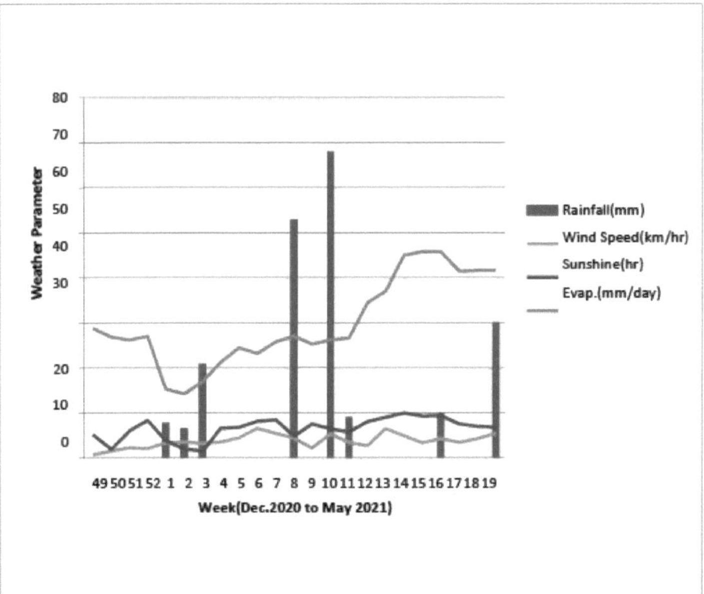

Tabela-3.2 Análise química do campo experimental

S. Não.	Particularidades	Valores	Método de análise
1.	Reação do solo (pH) (suspensão solo/água 1:2)	7.9	Medidor de pH com elétrodo de vidro (Jackson, 1967)
2.	CE (dSm)$^{-1}$	0.28	Medidor de condutividade eléctrica em ponte (Richards, 1954)
3.	Carbono orgânico (%)	0.35	Método de titulação rápida de Walkley e Black (Walkley e Black, 1934)
4.	Azoto disponível (kg ha)$^{-1}$	180.0	Método do permanganato alcalino de

			potássio (Subbiah e Asija, 1956)
5.	Fósforo disponível (kg ha $)^{-1}$	8.5	Método de Olsen (Olsen *et al.*, 1954)
6.	Potássio disponível (kg ha $)^{-1}$	210.0	Espectrofotómetro de emissão de chama (Jackson, 1973)

Historial das culturas no campo experimental:

Antes de iniciar a presente investigação, o historial de culturas do campo nos últimos cinco anos foi cuidadosamente examinado e apresentado no Quadro 3.3. Este estudo foi efectuado com o objetivo de conhecer a natureza da cultura cultivada no terreno específico onde a experiência foi realizada, o que pode ser útil na interpretação e discussão dos resultados.

Quadro-3.3 Historial de culturas do campo experimental

Anos	Época de colheita		
	Quaresma	***Rabi***	***Zaid***
2016-17	Paddy	Mostarda	Pousio
2017-18	Paddy	Mostarda	Pousio
2018-19	Paddy	Mostarda	Pousio
2019-20	Paddy	Mostarda	Pousio
2020-21	Paddy	Milho experimental	Pousio

Pormenores dos tratamentos:

No total, houve 9 tratamentos na experiência. Os pormenores dos tratamentos com os respectivos símbolos são apresentados no Quadro 3.4. A disposição da experiência é ilustrada na Fig. 3.2

Tabela-3.4: Detalhe dos tratamentos

Símbolos	Tratamentos	Doses /ha	
		Ingrediente ativo g^0	**Formulação (gm ou ml)**
T1	Topramezona 336 g/l (herbicida PoE)	**25.2**	75.0
T2	Topramezona336 g/l (herbicida PoE)	**33.6**	100.0
T3	Topramezona336 g/l (herbicida PoE)	**42.0**	125.0
T4	Topramezona 336 g/l (Mercado Herbicida)	**25.2**	75.0
T5	Topramezona 336 g/l (Mercado Herbicida)	**33.6**	100
T6	Tembotriona 34,4% SC (herbicida PoE)	**120.0**	286.0
T7	Monda manual duas vezes aos 20 e 40 DAS	-	
T8	Controlo de ervas daninhas		
T9	Topramezona 336 g/l (herbicida PoE)	**67.2**	200.0

Fig 3.1 Esquema do campo experimental

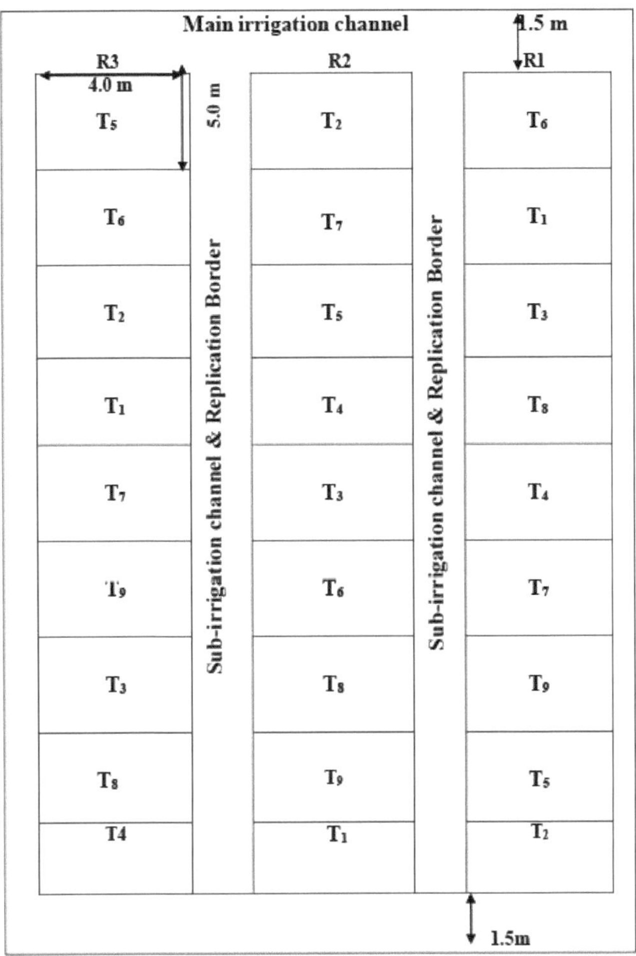

Detalhes experimentais

1.	Conceção adoptada	Desenho de blocos aleatórios (RBD)
2.	Variedade utilizada	Kanchan
3.	Número de réplicas	Três (3)
4.	Número total de tratamentos	9
5.	Número total de parcelas	27
6.	Dimensão bruta da parcela	4,0 m x 5,0 m = $20m^{-2}$
7.	Dimensão líquida da parcela	3,0 m x 4,0 m = $12m^{-2}$
8.	Limite da parcela	0.5m
9.	Rebordo do bloco	1.0m
10.	Margem do campo	2.0m
11.	Canal de irrigação principal	1.5m

12.	Canal de sub-irrigação	1.0m
13.	Espaçamento	30 cm x 50 cm

Propriedades físicas e químicas dos herbicidas utilizados na experiência:

Propriedades físicas e químicas da piroxasulfona: Estrutura química:

Nome IUPAC : 4-[3-(4,5-dihydro-1,2-oxazol-3-yl)-2-methyl-4-metilsulfonilbenzoil]-2-metil-1H-pirazol-3-ona

CAS : 210631-68-8

Fórmula química : $C_{16}H_{17}N_3O_5S$

Família

Utilizações : Um novo composto herbicida altamente seletivo para o controlo de gramíneas de estação quente e de infestantes dicotiledóneas no milho

Propriedades físicas e químicas da Tembotriona: Química estrutura:

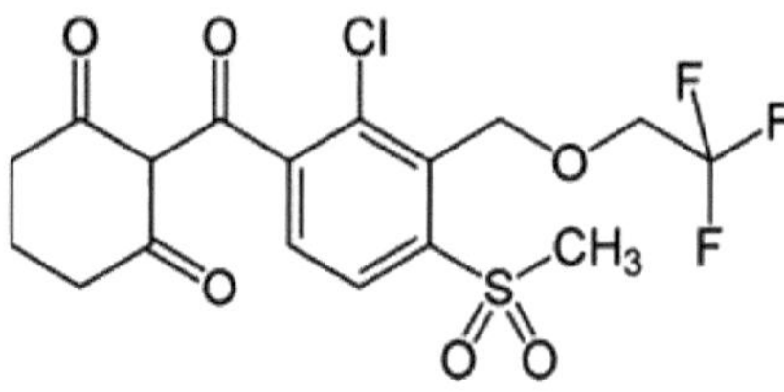

IUPAC Name2-[2-chloro-4-methylsulfonyl-3-(2,2,2-trifluoroetoximetil)benzoil]ciclo-hexano-1,3-diona

CAS : 335104-84-2

Fórmula química : $C_{17}H_{16}ClF_3O_6S$

Família :

Utilizações : Tembotriona é um novo herbicida para o controlo de ervas daninhas em pós emergência do milho. O ingrediente ativo pertence ao grupo das triketonas e o seu modo de ação é a inibição da enzima 4-hidroxifenilpiruvato dioxigenase (HPPD).

Práticas agronómicas adoptadas:

Preparação do terreno:

A terra foi preparada cuidadosamente para obter uma boa fertilidade do solo. Com o objetivo de obter condições de humidade óptimas para a germinação adequada das sementes, foi aplicada uma irrigação pré-sementeira no campo de experimentação. Para obter uma boa fertilidade, o campo foi lavrado uma vez com um arado de revolvimento do solo puxado por um trator, seguido de uma gradagem cruzada com a ajuda de um cultivador. Posteriormente, procedeu-se ao aplainamento para nivelar o campo e obter uma melhor terra necessária para uma germinação adequada.

Aplicação de fertilizantes:

150 kg de N, 60 kg de P2O5 e 40 kg de K2O ha^{-1} foram aplicados através de ureia, superfosfato simples e murato de potássio. Meia dose de nitrogênio e dose completa de fósforo e potássio foram aplicadas como curativo basal através de colocação lateral logo antes da semeadura da semente. As restantes meias doses de nitrogénio foram aplicadas em duas doses iguais, uma na altura do joelho e a outra na fase de silagem.

Sementes e sementeiras:

A sementeira foi efectuada em linhas separadas por 50 cm, com uma distância de 30 cm entre plantas. Em sulcos abertos manualmente. A sementeira da cultura foi efectuada a 7th dezembro de 2020 em linhas com 30 cm de distância e 4-5 cm de profundidade, manualmente.

Variedade e taxa de sementeira:

A cultivar de milho Kanchan foi semeada no campo experimental. A variedade amadurece em cerca de 150-155 dias. Foi utilizada uma taxa uniforme de sementes de 25 kg ha^{-1} em todos os tratamentos.

Irrigação:

Foi mantida uma humidade adequada do solo em todas as fases críticas do crescimento da cultura. Foram efectuadas quatro regas nos estádios de crescimento do milho: joelho alto, borbulha, ensilagem e massa.

Aplicação de herbicidas:

Os herbicidas de pós-emergência foram aplicados com a ajuda de um pulverizador de dorso manual equipado com um bico de jato plano, utilizando 600 litros de água por hectare.

Colheita:

A colheita foi efectuada manualmente, com foices de bordos serrilhados, na maturidade fisiológica, quando as folhas e os caules se tornaram amarelos e os grãos estavam suficientemente duros, com menos de 16% de humidade nos grãos. Em primeiro lugar, foram colhidas as linhas fronteiriças. A colheita da área das parcelas de rede foi efectuada separadamente e o material colhido de cada parcela de rede foi cuidadosamente empacotado e etiquetado após secagem durante três dias no campo e depois levado para a eira.

Debulhar:

O feixe de produtos colhidos de cada parcela de rede foi pesado após secagem ao sol para registo do rendimento biológico. A debulha de cada feixe de cada parcela individual foi efectuada manualmente com varas de madeira. O rendimento em grão de cada parcela individual após a peneiração foi pesado cuidadosamente. A quantidade de palha por parcela foi calculada subtraindo o peso dos grãos do produto biológico. O rendimento do grão e da palha foi expresso em q ha^{-1}.

Calendário das operações no terreno:

As várias operações de campo efectuadas durante o período da presente experimentação estão descritas no Quadro 3.5.

Quadro 3.5: Pormenores das operações no terreno

S.N.	Operações	Data
(A)	**Operação de pré-sementeira**	
1.	Irrigação antes da sementeira	21-11-2020
2.	Preparação da cama de sementes	06-12-2020
3.	Esquema da experiência	07-12-2020
(B)	**Operação de sementeira**	
1.	Aplicação de fertilizantes	07-12-2020
2.	Semeadura	07-12-2020
(C)	**Operações pós-sementeira**	
1.	Aplicação de herbicida pós-emergência	30-12-2020
2.	Primeira irrigação na fase de altura do joelho	28-01-2021
3.	Primeira adubação de cobertura com ureia	31-01-2021

4.	Segunda irrigação	28-02-2021
5.	Terceira irrigação	15-03-2021
6.	Segunda adubação de cobertura com ureia	17-03-2021
7.	Quarta irrigação	08-04-2021
8.	Colheita	10-05-2021

Observações registadas:

A observação da cultura e das ervas daninhas foi registada em diferentes fases de crescimento, tendo sido recolhidas aleatoriamente amostras de cada parcela e marcadas para estudos posteriores. Todas as observações efectuadas durante a investigação foram classificadas em dois grupos.

1. Estudos sobre ervas daninhas.
2. Estudos sobre a cultura.

A - Estudos sobre as ervas daninhas:

1. Flora infestante da parcela experimental:

As espécies de ervas daninhas foram identificadas periodicamente nas parcelas e registadas.

2. Densidade de ervas daninhas (No.m^{-2}):

O número total de espécies de ervas daninhas foi contado dentro do quadrado em cada parcela aos 30, 60, 90 e 120 DAS e na colheita. Foi utilizada uma quadrícula de 50 cm x 50 cm (0,25 m^2) em quatro locais de cada parcela para registar a densidade das ervas daninhas e as ervas daninhas dentro da quadrícula foram contadas e expressas em n.º m .$^{-2}$

3. Peso seco das infestantes (g m^{-2}):

A matéria seca das ervas daninhas aos 30, 60, 90 e 120 DAS e na colheita foi registada em cada parcela. Após a secagem ao sol, as ervas daninhas foram secas num forno elétrico a 65^0 C até ao peso constante.

4. Eficiência de controlo das infestantes (%):

A eficiência do controlo das ervas daninhas dos diferentes tratamentos de controlo das ervas daninhas foi calculada com base no peso seco das ervas daninhas através da seguinte fórmula:

$$W.C.E.(\%)= \frac{W_0 - W_1}{W_0} x100$$

Onde,

w_o - Peso seco das ervas daninhas da parcela de controlo

w_i - Peso seco das infestantes da parcela tratada

6. Índice de infestantes:

O índice de infestantes dos diferentes tratamentos de controlo de infestantes foi calculado pela seguinte fórmula:

$$W.I.= \frac{Y_{wf} - Y_t}{Y_{wf}} x100$$

Onde,

Y_{wf} - Rendimento de grãos da parcela sem infestantes

Y_t = rendimento em grão da parcela tratada

7. Absorção de nutrientes pelas ervas daninhas:

Absorção de azoto pelas ervas daninhas

As amostras de infestantes secas em estufa e completamente moídas foram digeridas e o azoto foi determinado pelo método micro-Kjeldahl (Jackson, 1973). Além disso, o teor de azoto assim obtido foi multiplicado pelo respetivo peso seco total das infestantes para obter a absorção de azoto pelas infestantes.

Absorção de fósforo pelas ervas daninhas

As amostras de infestantes secas em estufa e completamente moídas foram digeridas e o fósforo foi obtido pelo método de micro Olsen (Olsen *et.al* 1954). Além disso, o teor de fósforo assim obtido foi multiplicado pelo respetivo peso seco total das infestantes para obter a absorção de fósforo pelas infestantes.

Absorção de potássio pelas infestantes

As amostras de ervas daninhas secas em estufa e completamente moídas foram digeridas e o potássio foi obtido através do fotómetro de chama. (Jackson 1973). Além disso, o teor de potássio obtido foi multiplicado pelo respetivo peso seco total das ervas daninhas para obter a absorção de potássio pelas ervas daninhas.

B - Estudos sobre a cultura:

1. Caracteres de crescimento

População inicial e final de plantas (N.º m2):

A população inicial de plantas m^{-2} foi registada em cada parcela do campo experimental aos 15 dias após a sementeira e antes da colheita para avaliar o efeito dos vários tratamentos na população de plantas.

1.2. Altura da planta (cm):

A altura de cinco plantas marcadas selecionadas ao acaso foi medida aos 30, 60, 90, 120 DAS e na fase de colheita. A altura foi medida desde o nível do solo até à ponta da folha mais alta antes da emergência da borla e desde o solo até à base da borla após a emergência da borla com a ajuda de uma escala métrica e, finalmente, a altura média da planta foi tomada para conhecer o efeito de vários tratamentos de controlo de ervas daninhas na altura da planta.

Acumulação de matéria seca:

A acumulação de matéria seca aos 30, 60, 90, 120 DAS e na fase de colheita foi registada. Os rebentos de plantas obtidos na área de^2 foram cortados perto do nível do solo e etiquetados por parcela e depois secos ao sol. Em seguida, as amostras foram secas num forno elétrico a $65{,}0^0$ C até se atingir um peso constante. O peso seco das plantas foi expresso em g m $.^{-2}$

Índice de área foliar:

A área foliar de cada parcela foi medida aos 30, 60 e 90 DAS para calcular o índice de área foliar. As plantas de 1 metro de comprimento de linha foram retiradas e as folhas verdes totalmente gastas foram separadas para registar a sua área de superfície através de um medidor de área foliar portátil. Finalmente, calculou-se a área média de folhas por planta. O IAF foi calculado pela seguinte fórmula:

$$LAI = \frac{L}{A}$$

LAI-Índice de área foliar

L-Área foliar (cm $)^2$

A-Área do solo (cm $)^2$

Dias necessários para 75% de desfolhamento:

Foi observado e registado o número total de dias decorridos desde a sementeira até ao início de 75% de desponta em toda a população de cada parcela experimental e, finalmente, calculada a média.

Dias necessários para 75% de silagem:

Foi observado e registado o número total de dias decorridos desde a sementeira até ao início de 75 % de ensilagem em toda a população da parcela experimental individual e, finalmente, calculada a média.

Dias de maturação:

O número total de dias decorridos desde a sementeira até à maturidade fisiológica da cultura foi registado em cada parcela experimental e calculada a média para conhecer o efeito dos vários tratamentos nos dias decorridos até à maturidade.

Taxa de crescimento das culturas (CGR):

A taxa de crescimento da cultura foi calculada aos 30-60 DAS, 60-90 DAS, 90-120 DAS e 120 DAS até à colheita com a ajuda da seguinte fórmula;

$$\text{CGR}\,(\text{g m}^{-2}\text{day}^{-1}) = \frac{W2 - W1}{t2 - t1}$$

Taxa de crescimento relativo (RGR):

A taxa de crescimento relativo foi calculada aos 30-60 DAS, 60-90 DAS, 90-120 DAS e 120 DAS até à colheita com a ajuda da seguinte fórmula sugerida por Radford, 1967:

$$\text{RGR}\,(\text{g/g/day}) = \frac{\text{Loge}W_2 - \text{Loge } W}{t_2 - t_1}$$

2. Atributos de rendimento:

Número de espigas/planta:

O número total de espigas de cinco plantas selecionadas aleatoriamente de cada parcela foi contado e calculada a média para obter o número de espigas por planta.

Número de linhas/espigas:

O número de linhas em cinco espigas selecionadas aleatoriamente de cada parcela experimental foi contado e calculada a média para obter o número de linhas por espiga.

Número de grãos/espiga:

O número total de grãos de cinco espigas selecionadas aleatoriamente de cada parcela foi contado após o seu descasque e calculada a média para obter o número de grãos por espiga.

Peso da espiga (g):

Foram selecionadas aleatoriamente cinco espigas de cada parcela, que foram pesadas em conjunto. A sua média foi calculada para avaliar o efeito dos vários tratamentos no peso da espiga.

Comprimento da espiga (cm):

O comprimento de cada uma das cinco espigas selecionadas aleatoriamente de cada parcela individual foi medido e a sua média foi calculada para obter o comprimento da espiga.

Peso de ensaio (peso de 1000 grãos):

Após a debulha e a pesagem, foi retirada uma amostra aleatória de grãos do rendimento de grãos de cada parcela. Da amostra, foram contados 1000 grãos ao acaso e o seu peso (g) foi registado para expressar o efeito dos tratamentos no peso do teste.

Percentagem de descasque:

O peso de cinco espigas selecionadas ao acaso foi registado após a secagem ao sol e, em seguida, foram descascadas. Os grãos assim obtidos das espigas foram pesados após secagem ao sol. A percentagem de descasque foi calculada com a ajuda da seguinte fórmula

$$= \frac{\text{Weight of grains}}{\text{Weight of cob}} x100$$

Descasque (%)

Peso dos grãos

Peso da espiga

C. Rendimento:

1. **Rendimento de grãos ($q\ ha^{-1}$):**

Depois de se tomar o peso da biomassa total, o produto de cada parcela de rede foi debulhado separadamente e os grãos limpos foram secos ao sol para manter 12% de humidade. O rendimento dos grãos foi registado em kg de parcela^{-1} e finalmente convertido em q ha .$^{-1}$

2. **Rendimento do caule ($q\ ha^{-1}$):**

O rendimento de palha de cada área de parcela líquida foi calculado subtraindo o rendimento de grãos do total de produtos colhidos e, finalmente, convertido em qha .$^{-1}$

3. **Rendimento biológico**: O rendimento de grãos e o rendimento de palha são expressos como rendimento biológico.

4. **Índice de colheita (%):**

O índice de colheita é a relação entre o rendimento económico e o rendimento biológico e é calculado pela fórmula dada por Donald (1962). Foi expresso em percentagem.

$$\text{Harvest index}(\%) = \frac{\text{Grain yield}}{\text{Biological yield}} \times 100$$

Fitotoxicidade do herbicida:

A avaliação visual dos sintomas fitotóxicos (descoloração da cultura, clorose, atrofiamento e murchidão) no milho foi efectuada aos 15, 30 e 60 dias após a sementeira.

Fitotoxicidade do herbicida Topramezona na cultura do milho:

A avaliação da fitotoxicidade do herbicida Topramezone aplicado na cultura do milho em pré-emergência foi avaliada com base em observações visuais de vários parâmetros de fitotoxicidade, nomeadamente, lesões foliares na superfície da ponta, amarelecimento, atrofiamento, necrose, clareamento das nervuras, murchidão, epinastia e hiponastia aos 15 DAS, 30 DAS e 45 DAS da cultura do milho. A escala de classificação de fitotoxicidade (prs) para parâmetros específicos é apresentada no quadro 3.6.

Tabela-3.6: Tabela de classificação de fitotoxicidade

Resposta das culturas/prejuízos para as culturas	Escala de classificação
0-10%	1
11-20%	2
21-30%	3
31-40%	4
41-50%	5
51-60%	6
61-70%	7
71-80%	8
81-90%	9
91-100%	10

Foram registados danos nas culturas de milho após a pulverização de doses mais elevadas de herbicidas, de acordo com a recomendação do Conselho Europeu de Investigação de Ervas Daninhas, tendo sido atribuída uma pontuação diferente com base na extensão dos danos observados em cada parcela tratada e de acordo com a recomendação sugerida

Tabela de pontuação da fitotoxicidade (Singh e Rao, 1976)

Classificação	Percentagem de prejuízo para a cultura	Descrição visual
1	0	Sem redução ou sem prejuízo
2	1.0 - 3.5	Descoloração muito ligeira
3	3.5 - 7.0	Mais grave mas não duradoura
4	7.0 - 12.5	Moderado e mais duradouro
5	12.5 - 20.0	Médio e duradouro
6	20.0 - 30.0	Pesado
7	30.0 - 50.0	Muito pesado
8	50.0 - 90.0	Quase destruído
9	100	Completamente destruído

C. **Parâmetros do solo:**

1. **Textura do solo:**

A textura do solo foi determinada pelo método do hidrómetro, tal como preconizado por Bouyoucos (1936).

2. **pH:**

O pH foi determinado com a ajuda de um medidor de pH de elétrodo de vidro numa suspensão de água do solo 1:2,5, tal como descrito por Jackson (1973).

3. Condutividade eléctrica (CE):

A condutividade eléctrica foi determinada com a ajuda de um medidor de ponte de condutividade utilizando uma suspensão de água no solo de 1: 2,5, tal como descrito por Jackson, (1973).

4. Carbono orgânico (%) :

O carbono orgânico no solo foi determinado pelo método de titulação rápida de Walkley e Black, tal como preconizado por Jackson (1973).

5. Azoto disponível:

O teor de azoto disponível na amostra de solo foi determinado pelo método do permanganato alcalino, tal como descrito por Subbiah e Asija (1956).

6. Fósforo disponível:

O fósforo disponível foi extraído com NaHCO3 0,5 M (Ph 8,5) de acordo com o procedimento de Olsen *et.al.* (1954) e determinado calorimetricamente pelo método do azul fosfórico molibdénio.

7. Potássio disponível:

O potássio disponível na amostra de solo foi determinado por fotómetro de chama utilizando acetato de amónio normal neutro, tal como referido por Jackson (1973).

8. Biomassa microbiana do solo :

Para enumerar a população microbiana do solo, foram feitas amostras compostas de solo, juntando as amostras de solo recolhidas para cada tratamento, que foram colocadas num saco de plástico e armazenadas a 4^0 C. Congeladas, as bactérias, os fungos e os actinomicetos totais foram estimados de acordo com a técnica de diluição em série e de plantação descrita por Schimid e Coldwell (1957).

Bactérias totais (ufc/g de solo)

Para a plantação, foi utilizado o meio de Thornton para a contagem total de bactérias (Thornton, 1922). A plantação de bactérias totais foi enumerada utilizando meios de asparaginas manitol augur. As placas triplicadas foram incubadas a 30^0 C durante um período de sete dias. As colónias caraterísticas de bactérias foram contadas, depois de o açúcar e o sal terem sido dissolvidos, adicionado o manitol e ajustado o pH 7,4.

Tabela 3.7 - Particularidades dos produtos químicos utilizados em bactérias.

K2HPO4	1.0 g
CaCl2	0.10g
FeCl2	Traço
Aspargina	1.0g
Ágar-ágar	15.0g
MgSO4.7H2O	0.20g
NaCl	0.10g
KNO3	0.50g
Manitol	1.0g
Água destilada	1000ml

Total de fungos (cfu/g de solo)

Os fungos foram contados utilizando o meio de ágar Mortins Rose Bengal -estreptomicina (Martin 1950). A placa replicada três vezes foi incubada a uma temperatura de 30^0 C e a contagem foi efectuada após três dias de incubação. Adicionou-se estreptomicina @3 30 mg/l ao meio derretido e arrefeceu-se a 50^0 C.

Tabela 3.8 - Particularidades dos produtos químicos utilizados nos fungos.

Glicose	10.0g
Peptona	5.0g
KH2PO4	1.0g
MgSO4.7H2O	.05g
Rosa de Bengala	0.035g

Água destilada	1000ml

Actinomicetos totais (ufc/g de solo)

Os actinomicetes foram contados utilizando o meio Ken Knight Agar (1950). A placa foi repetida três vezes e incubada a uma temperatura de 30^0 C e a contagem de actinomicetos foi feita.

Tabela 3.9 - Particularidades dos produtos químicos utilizados em Actinomicetos.

$NaNO_3$	2.0 g
KCL	2.0 g
KH_2PO_4	2.0 g
$MgSO_4.7H_2O$	0.02 g
Dextrose	1.0 g
Ágar	15 g
Água destilada	1000 ml

Procedimento

Técnica de diluição em série

Colocaram-se 10 g de amostra de solo (seca ao ar) num frasco cónico de 250 ml contendo 90 ml de água esterilizada e tapou-se com algodão. Agitou-se o frasco cónico num agitador mecânico para misturar o solo e a água. Com a ajuda de 1 ml de suspensão do frasco cónico, transferiu-se para um tubo de cultura contendo 9 ml de água esterilizada e tapado com algodão. O tubo de ensaio foi agitado num agitador mecânico e identificado como 10^{-2} . A diluição em série desejada foi obtida adoptando o procedimento semelhante ao anterior e nivelada. Foram efectuadas diluições em série de 10^{-3} , 10^{-4} e 10^{-5} e assim sucessivamente para os fungos e as bactérias, respetivamente.

9. Desidrogenase do solo :

A atividade da desidrogenase da amostra de solo foi estimada pelo método descrito por Casida *et .al.* (1964).

Reagentes-

1. Cloreto de trifenil tetrazólio (TTC) : TTC (3,0 g) dissolvido em 100 ml de água destilada e armazenado num frasco de cor âmbar a 2-8^0 C.
2. Metanol (grau AR)
3. Padrão de trifenil-formazan (100 ug Ml^{-1}): Dez mg de trifenil formazan (TPF) dissolvidos em 100 Ml de água destilada.

Método de estimativa:

Um grama de amostra de solo seco ao ar fresco foi saturado com 1,0 ml de solução de TTC (3% p/v) num tubo de ensaio com tampa de rosca. Estes tubos de ensaio foram incubados a 28^0 C durante 24 horas. Adicionou-se metanol (10 ml) a estes tubos de ensaio e agitou-se vigorosamente. O sobrenadante foi retirado cuidadosamente após 6 horas de repouso. A absorvância do sobrenadante foi registada a 485 nm. Foi preparada uma curva padrão com TPF (0-50 ug ML^{-1}). A concentração de TPF na amostra foi calculada com a curva padrão. A atividade da desidrogenase foi calculada e expressa em termos de ug TPF g^{-1} $h^{=1}$

D. Economia

Custo de cultivo (Rs. ha^{-1}):

O custo de cultivo dos diferentes tratamentos foi calculado tendo em conta todas as despesas incorridas no cultivo da cultura experimental e adicionado ao custo comum devido a várias operações e factores de produção utilizados.

Rendimento bruto (Rs. ha^{-1}):

O rendimento bruto foi calculado multiplicando o rendimento do grão e da palha, separadamente, sob vários tratamentos, pelo seu preço de mercado atual. O valor monetário do grão e da palha foi adicionado para obter o rendimento bruto.

Rendimento líquido (Rs. ha^{-1}):

O rendimento líquido foi calculado deduzindo o custo de cultivo do rendimento bruto dos tratamentos individuais.

Rendimento líquido = Rendimento bruto - Custo de cultivo.

Rácio benefício-custo (Rs. re^{-1} investido):

O rácio benefício-custo foi calculado dividindo o rendimento líquido pelo custo de cultivo de cada tratamento.

$$B:C = \frac{\text{Net return (Rs.ha}^{-1})}{\text{Cost of cultivation (Rs.ha}^{-1})}$$

Análise estatística:

Os dados registados em relação a diferentes observações na presente experiência foram analisados estatisticamente com a ajuda do seguinte procedimento para o desenho de blocos aleatórios (RBD). O erro padrão das médias foi calculado com um nível de significância de 5% para comparar as médias dos tratamentos, sempre que o teste 'T' foi considerado significativo.

Tabela-3.10: Tabela de análise de variância (ANOVA)

Fontes de variação	Grau de liberdade (df)	Soma dos quadrados (SS)	Soma média de quadrado (MSS)	Valor F a 5%	
				Cal.	Tab.
Replicação	2				
Tratamento	8				
Erro	16				
Total	26				

Se o teste "F" for considerado significativo a um nível de significância de 5%, a diferença crítica (DC) foi calculada com a ajuda da seguinte fórmula;

$$SEm\pm = \sqrt{\frac{VE}{r}}$$

CD a 5% $\sqrt{\frac{2VE}{r}}$ x valor t ao nível de significância de 5% para o erro d.f.(16)

Onde,

CD=Diferença crítica

VE=Variância de erro

SEm±=Erro padrão da média

t=t valor da tabela de Fisher (1963) com um grau de erro de liberdade a um nível de significância de 5%.

Transformação de dados:

Uma vez que a transformação dos dados é a medida corretiva mais adequada para reduzir a heterogeneidade da variação, em que a variância e a média são funcionalmente relacionadas numa nova escala, resultando num novo conjunto de dados que se espera que satisfaça a condição de homogeneidade da variância.

Os dados sobre a população de cada espécie de erva daninha e sua matéria seca foram analisados após a transformação da raiz quadrada (x = vx + 0,5). As comparações entre os tratamentos foram efectuadas com um nível de significância de 5 por cento.

CAPÍTULO -IV

RESULTADOS E DISCUSSÃO

Neste capítulo, foi feita uma tentativa de apresentar os resultados experimentais obtidos no tópico intitulado "**Estudos sobre a bioeficácia de herbicidas pós-emergência no milho *Rabi***" e foram discutidas as possíveis razões e variações devidas aos tratamentos. As observações registadas durante a experimentação foram analisadas estatisticamente e apresentadas sucintamente e representadas, sempre que necessário, da seguinte forma

4.1 Estudos sobre as ervas daninhas

4.1.1 Flora infestante

A flora predominante e principal de infestantes é apresentada no Quadro 4.1. É evidente a partir do quadro que, entre as infestantes de folhas largas, *Anagalis arvensis* e *Chenopodium album* foram consideradas infestantes predominantes, enquanto entre os juncos *Cyprus rotundas* foi a infestante mais predominante na parcela de controlo de infestantes do campo experimental de milho em estudo.

4.1.2 Densidade de infestantes de folha larga

Os dados relativos à densidade de ervas daninhas de folhas largas do milho *Rabi*, afectados por diferentes tratamentos de controlo de ervas daninhas registados em diferentes fases de crescimento, foram apresentados no quadro 4.2 e representados na Fig.4.1. Em geral, a densidade de infestantes de folha larga diminui sucessivamente após 60 DAS até à fase de colheita. A densidade mais elevada de infestantes de folha larga foi registada aos 60 DAS. É evidente a partir dos dados que, aos 30 DAS, o controle de ervas daninhas (T8) registrou maior densidade de ervas daninhas de folhas largas, que foi significativamente maior do que o resto dos tratamentos e a menor densidade de ervas daninhas de folhas largas foi registrada sob capina manual duas vezes aos 20 e 40 DAS (T7) seguido por Topramezone 336 g / l w / v SC @ 42,0 g a.i ha^{-1} (T3). Tendências semelhantes foram registadas nas sucessivas fases de crescimento da cultura.

A maior densidade de ervas daninhas de folha larga foi obtida sob o controlo de ervas daninhas (T8), o que pode ser devido à maior infestação de ervas daninhas e ao crescimento vigoroso das ervas daninhas sob o tratamento, que não recebeu qualquer medida de controlo de ervas daninhas durante todo o período de cultivo resultante. A densidade mais baixa de infestantes de folha larga em todas as fases foi registada no tratamento Hand

Quadro 4.1 Flora das principais ervas daninhas do campo experimental.

Nome científico	Nome comum	Nome local	Família	Ciclo de vida
Ervas daninhas de folha larga				
Anagallis arvensis L.	Pimpinela Escarlate	Krishnaneel	Compositae	Anual
Chenopodium albumL.	Lambsquaters	Bathua	Chenopodiaceae	Anual
Parthenium hysterophorusL.	Relva do Congresso	Gajar ghas	Asteraceae	Perene
Melilotus indicate.") Todos.	Trevo doce indiano	Pile Senji	Leguminosas	Anual
Sedges				
Cyperus rotundusL.	Junco-da-praia	Motha	Cyperaceae	Perene
Ervas herbáceas				
Cynodon dactylozz(L.)Pers.	Bermudas	Doob	Poaceae	Perene

Quadro 4.2 Efeito dos tratamentos de controlo de ervas daninhas na densidade de ervas daninhas de folha larga /m^2 do milho Rabi.

N.º Sr.	Tratamento	Dose a.i (g/ha)	Densidade de infestantes de folha larga /m^2				
			30DAS	60DAS	90 DAS	120 DAS	AT

							Colheita
Ti	Topramezona 336 g/l p/v SC	**25.2**	6.87 (46.33)	8.29 (69.0)	8.00 (63.6)	7.76 (58.3)	7.25 (52.3)
T_2	Topramezona 336 g/l p/v SC	**33.6**	6.39 (40.0)	7.99 (63.6)	7.20 (52.0)	6.99 (49)	6.42 (41.3)
T_3	Topramezona 336 g/l p/v SC	**42.0**	6.05 (30.6)	7.42 (55.0)	6.60 (44.3)	6.31 (39.6)	6.25 (35.6)
T_4	Topramezona 336 g/l p/v SC (amostra de mercado)	**25.2**	7.73 (59.0)	8.66 (74.6)	7.67 (58)	6.86 (46.3)	6.79 (45.3)
T_5	Topramezona 336 g/l p/v SC (amostra de mercado)	**33.6**	6.79 (45.33)	7.89 (62.0)	7.18 (51.3)	6.58 (42.6)	6.19 (37.6)
T_6	Tembotriona 34,4% SC	**120.0**	6.17 (37.33)	7.46 (55.0)	7.40 (54.0)	6.75 (45.0)	6.62 (43.3)
T_7	Monda manual duas vezes aos 20 e 40 DAS	-	4.95 (23.66)	6.04 (35.66)	6.55 (42.3)	6.47 (41)	6.69 (44.3)
T_8	Controlo de ervas daninhas		9.56 (91.00)	10.28 (105)	11.35 (128)	11.9 (143.3)	11.9 (143.3)
T_9	Topramezona 336 g/l p/v SC	**67.2**	6.06 (36.0)	7.76 (61.0)	7.57 (57.3)	7.30 (53)	7.09 (49.6)
	SEm±		**0.28**	**0.47**	**0.43**	**0.47**	**0.45**
	C.D a 5%		**0.85**	**1.44**	**1.32**	**1.43**	**1.36**

***O valor entre parêntesis é o valor original. Dados transformados através da transformação da raiz quadrada (X = Vx + 0,5).**

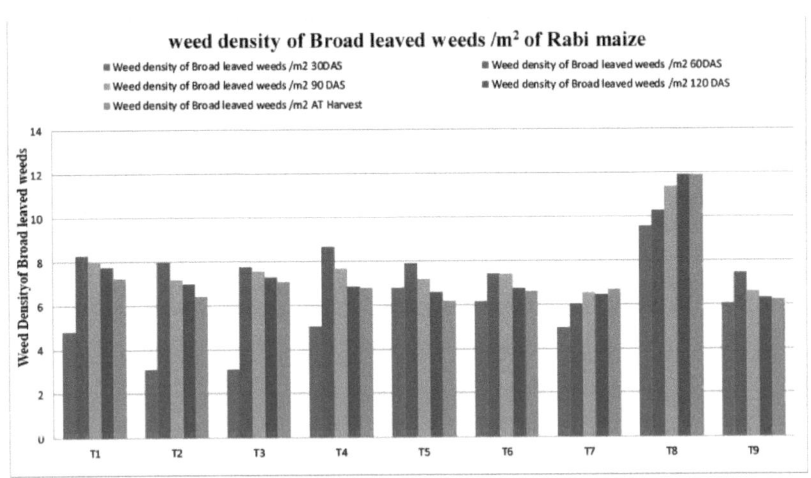

Fig 4.1 Efeito dos tratamentos de controlo de ervas daninhas na densidade de ervas daninhas de folha larga /m² do milho Rabi.

A capina duas vezes aos 20 e 40 DAS (T7) pode ser possivelmente devido à erradicação manual periódica de ervas daninhas que levou à menor população de ervas daninhas sob o tratamento seguido pelo Topramezone 336 g/l p/v SC @ 42,0 g a.i/ha (T3). Isso pode ser devido à melhor supressão da dinâmica das ervas daninhas e sua infestação durante todo o período de crescimento da cultura do milho. Resultados semelhantes foram obtidos por **Stazen *et.al* (2016)**

4.1.3 Densidade de infestantes de juncos.

Os dados relativos à densidade de ervas daninhas de juncos no milho *Rabi*, afectados por diferentes tratamentos de controlo de ervas daninhas registados em diferentes fases de crescimento, foram apresentados no quadro 4.3 e representados na Fig. 4.2. Em geral, a densidade de ervas daninhas de juncos diminui sucessivamente na fase de colheita. É evidente a partir dos dados que, aos 30 DAS, o controlo de ervas daninhas (T8) registou uma densidade significativamente maior de juncos, que foi igual ao Topramezone 336 g/l w/v SC @ 25,2 g a.i/ha (T1), Topramezone 336 g/l w/v SC (Amostra de Mercado) @ 25,2 g a.i/ha (T4) e Tembotrione 34,4%SC @ 120,0 g a.i/ha (T6), enquanto significativamente maior sobre o resto dos tratamentos em estudo. A densidade mais baixa de juncos foi registada sob monda manual duas vezes aos 20 e 40 DAS (T7), seguida de Topramezone 336 g/l p/v SC @ 42,0 g a.i/ha (T3). Aos 60 DAS, foi registada uma densidade significativamente maior de juncos sob controlo de ervas daninhas (T8), que estava a par com o Tembotrione 34.4%SC @ 120.0 g a.i/ha

(T6) e Topramezone 336 g/l w/v SC @ 67.2 g a.i/ha (T9) enquanto significativamente maior sobre o resto dos tratamentos. A densidade mais baixa de ervas daninhas foi registada na monda manual duas vezes aos 20 e 40 DAS (T7), seguida de Topramezone 336 g/l p/v SC @ 42,0 g a.i/ha (T3).2 g a.i/ha (T1), Topramezona 336 g/l p/v SC @ 33,6 g a.i/ha (T2) e Topramezona 336 g/l p/v SC @ 42,0 g a.i/ha (T3), enquanto que no resto dos tratamentos. Um olhar rápido sobre os dados também revelou que a menor densidade de ervas daninhas de juncos foi registada sob a monda manual seguida pelo Topramezone 336 g/l w/v SC @ 42,0 g a. i/ha (T3). Aos 120 DAS da fase de cultivo, foi registada uma densidade de ervas daninhas significativamente maior na cultura experimental de milho *Rabi* sob controlo de ervas daninhas (T8), que foi igual ao Topramezone 336 g/l p/v SC @ 25,2 g a.i/ha (T1), Topramezona 336 g/l p/v SC (Amostra de Mercado) @ 25.2 g a.i/ha (T4), Tembotriona 34.4%SC @ 120.0 g a.i/ha (T6) e Topramezona 336 g/l p/v SC @ 67.2 g a.i/ha (T9) enquanto significativo sobre o resto dos tratamentos. É bastante óbvio a partir dos dados que, na fase de colheita, a maior densidade de ervas daninhas de juncos foi obtida sob a verificação de ervas daninhas (T8), que foi a par com Topramezone 336 g / l w / v SC (amostra de mercado) @ 25,2 g a.i/ha (T4), Topramezona 336 g/l p/v SC (Amostra de Mercado) @ 33,6 g a.i/ha (T5), Tembotriona 34,4%SC @ 120,0 g a.i/ha (T6) e Topramezona 336 g/l p/v SC @ 67,2 g a.i/ha (T9), embora significativamente superior ao resto dos tratamentos. A menor densidade de ervas daninhas de juncos foi registrada na capina manual duas vezes aos 20 e 40 DAS (T7), seguida pelo Topramezone 336 g/l p/v SC @ 42,0 g a.i/ha (T3).

A maior densidade de juncos obtida sob controlo de ervas daninhas (T8) pode dever-se à população máxima de ervas daninhas e à maior infestação de ervas daninhas sob o tratamento que não recebeu quaisquer medidas de controlo de ervas daninhas durante todo o período de cultivo, o que resultou num ambiente favorável ao crescimento e desenvolvimento de ervas daninhas. A menor densidade de ervas daninhas em todos os estágios foi registrada sob capina manual duas vezes aos 20 e 40 DAS (T7), possivelmente devido à erradicação manual de ervas daninhas que levou à menor população de ervas daninhas sob o referido tratamento, seguido por Topramezone 336 g/l p/v SC @ 42,0 g a.i/ha (T3). Pode ser devido à melhor supressão de ervas daninhas e sua infestação durante todo o período de crescimento da cultura, resultando em menor competição de ervas daninhas com a cultura. Resultados semelhantes também foram obtidos por **Madhavi *et. al* (2013)**

Quadro 4.3 Efeito dos tratamentos de controlo de ervas daninhas na densidade de Sedges /m^2 do milho Rabi.

S. Não	Tratamento	Dose a.i (g/ha)	Densidade de infestantes de Sedges /m^2				
			30DAS	60DAS	90 DAS	120 DAS	AT colheita
Ti	Topramezona 336 g/1 p/v SC	**25.2**	4.81 (18.6)	4.24 (14)	2.9 (6)	3.25 (7.6)	2.34 (3.6)
T_2	Topramezona 336 g/1 p/v SC	**33.6**	3.09 (6.75)	4.24 (14)	2.36 (2.5)	2.12 (2.6)	2.14 (2.9)
T_3	Topramezona 336 g/1 p/v SC	**42.0**	3.08 (6.66)	4.10 (13)	2.23 (3)	2.10 (2.7)	2.01 (2.3)
T_4	Topramezona 336 g/1 p/v SC (amostra de mercado)	**25.2**	5.03 (20.6)	4.18 (13.6)	4.4 (15.3)	3.75 (10.6)	3.38 (8.3)
T_5	Topramezona 336 g/1 p/v SC (amostra de mercado)	**33.6**	4.69 (17.6)	4.62 (17)	3.66 (10)	2.52 (4.3)	2.73 (5)
T_6	Tembotriona 34,4% SC	**120.0**	5.25 (22.6)	5.19 (22)	4.24 (14)	3.96 (12)	3.28 (8.3)
T_7	Monda manual duas vezes aos 20 e 40 anos DAS	-	2.8 (5.3)	2.39 (3.6)	2.0 (2.3)	1.9 (2.0)	1.76 (1.6)
T_8	Controlo de ervas		5.72	6.5	4.62	4.0	3.5

	daninhas		(27.3)	(36)	(17)	(12.3)	(9.1)
T_9	Topramezona 336 g/1 p/v SC	**67.2**	3,81 (H.O)	4.97 (20)	3.66 (10.6)	3.5 (9)	3.06 (6.6)
	SEm±		**0.55**	**0.61**	**0.35**	**0.36**	**0.34**
	C.D a 5%		**1.66**	**1.84**	**1.05**	**1.08**	**1.02**

***O valor entre parêntesis é o valor original. Dados transformados através da transformação da raiz quadrada ($X = -\chi/X + 0,5$).**

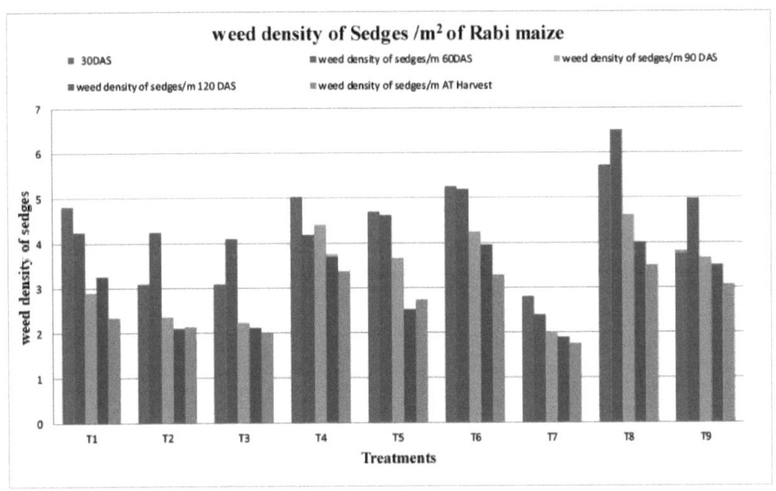

Fig 4.2 Efeito dos tratamentos de controlo de ervas daninhas na densidade de Sedges /m^2 do milho Rabi.

Quadro 4.4 Efeito dos tratamentos de controlo das infestantes no peso seco das infestantes (g/m^2) do milho Rabi.

S.n.	Tratamento	Dose a.i (g/ha)	Peso seco das infestantes $(g/m)^2$				
			30DAS	60DAS	90 DAS	120 DAS	AT colheita
Ti	Topramezona 336 g/1 p/v SC	**25.2**	5.14 (25.96)	6.00 (35.6)	6.86 (46.6)	7.47 (55.4)	7.70 (58.8)
T_2	Topramezona 336 g/1 p/v SC	**33.6**	4.63 (20.96)	4.98 (24.4)	4.54 (20.2)	5.90 (34.4)	5.99 (35.4)
T_3	Topramezona 336 g/1 p/v	**42.0**	4.44	4.88	5.37	5.73	5.81

	SC		(19.24)	(23.4)	(28.4)	(32.4)	(33.3)
T_4	Topramezona 336 g/l p/v SC (amostra de mercado)	**25.2**	5.15 (26.07)	6.11 (36.94)	7.03 (48.98)	7.70 (58.94)	8.05 (64.4)
T_5	Topramezona 336 g/l p/v SC (amostra de mercado)	**33.6**	4.84 (22.98)	5.19 (26.48)	5.63 (31.28)	6.08 (36.48)	6.33 (39.68)
T_6	Tembotriona 34,4% SC	**120.0**	4.58 (20.48)	5.93 (34.68)	6.12 (37.0)	6.88 (46.94)	6.48 (41.8)
T_7	Monda manual duas vezes aos 20 e 40 DAS	-	3.17 (9.56)	4.32 (14.6)	4.37 (18.6)	4.98 (24.4)	5.20 (26.6)
T_8	Controlo de ervas daninhas		6.71 (44.56)	8.41 (62.6)	9.12 (82.8)	9.43 (88.6)	9.54 (90.6)
T_9	Topramezona 336 g/l p/v SC	**67.2**	4.63 (20.96)	(25.48) 5.54	5.72 (32.28)	6.08 (36.48)	6.25 (38.68)
	SEm±		**0.14**	**0.12**	**0.13**	**0.32**	**0.18**
	C.D a 5%		**0.42**	**0.36**	**0.39**	**0.96**	**0.54**

O valor entre parêntesis é o valor original. Dados transformados através da transformação da raiz quadrada (X =** ***y/x + Q.5).

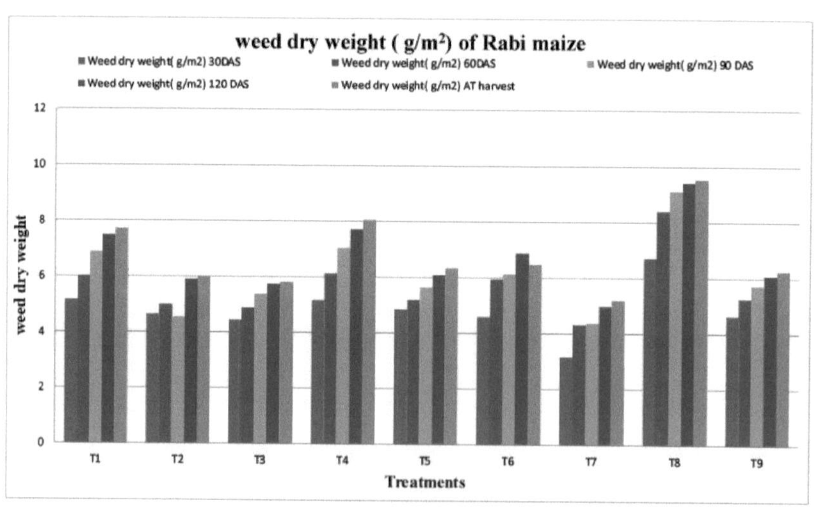

Fig. 4.3 Efeito dos tratamentos de controlo das ervas daninhas no peso seco das ervas daninhas

(g/m^2) do milho Rabi.

Quadro 4.5 Efeito do tratamento de controlo de ervas daninhas na eficiência de controlo de ervas daninhas (%) do milho Rabi.

S.N.	Tratamento	Dose a.i	Eficiência de controlo das infestantes (%)				
		(g/ha)	30DAS	60DAS	90 DAS	120 DAS	AH
Ti	Topramezona 336 g/1 p/v SC	**25.2**	41.4	43.1	43.7	37.4	35.0
T_2	Topramezona 336 g/1 p/v SC	**33.6**	52.9	61.0	64.0	61.1	60.9
T_3	Topramezona 336 g/1 p/v SC	**42.0**	56.8	62.6	65.70	63.43	63.24
T_4	Topramezona 336 g/1 p/v SC (amostra de mercado)	**25.2**	41.7	40.9	40.8	33.47	28.9
T_5	Topramezona 336 g/1 p/v SC (amostra de mercado)	**33.6**	48.4	57.6	51.52	58.8	56.20
T_6	Tembotriona 34,4% SC	**120.0**	54.03	44.6	55.3	47.0	53.8
T_7	Monda manual duas vezes aos 20 e 40 DAS	-	78.54	76.6	77.5	72.46	70.64
T_8	Controlo de ervas daninhas	-	-	-	-	-	-
T_9	Topramezona 336 g/1 p/v SC	**67.2**	52.9	59.2	61.0	58.8	57.30

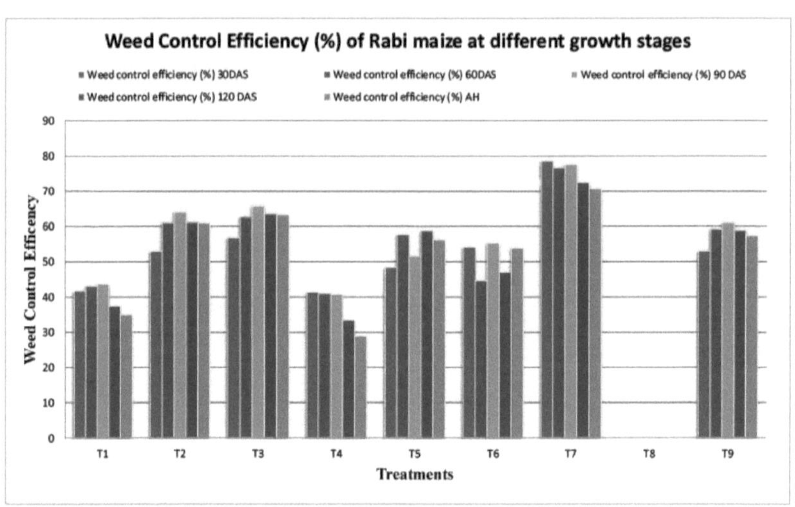

Fig 4.4 Efeito do tratamento de controlo de ervas daninhas na eficiência de controlo de ervas daninhas (%) do milho Rabi.

4.1.3 Peso seco das infestantes (g/m^2).

Os dados relativos ao peso seco das ervas daninhas no milho *Rabi*, afetado por diferentes tratamentos de controlo de ervas daninhas registados em diferentes fases de crescimento, foram apresentados no quadro 4.4 e representados na Fig.4.3. Em geral, o peso seco das ervas daninhas aumentou sucessivamente, independentemente dos tratamentos, até à fase de colheita da cultura. É evidente a partir dos dados que, aos 30 DAS, o controlo de ervas daninhas (T8) registou um peso seco de ervas daninhas significativamente mais elevado em comparação com o resto dos tratamentos em estudo. O peso seco de ervas daninhas mais baixo foi registado na monda manual duas vezes aos 20 e 40 DAS (T7), seguido de Topramezone 336 g/l p/v SC @ 42,0 g a.i/ha (T3). Tendências similares foram obtidas nos demais estágios.

O maior peso seco de ervas daninhas em todos os estágios obtidos sob controle de ervas daninhas em relação ao resto dos tratamentos pode ser devido à maior população de ervas daninhas de folhas largas e juncos que, em última análise, levou a um maior peso seco de ervas daninhas sob o tratamento. O peso seco mais baixo das ervas daninhas foi obtido com a monda manual duas vezes aos 20 e 40 DAS (T7), seguido do Topramezone 336 g/l p/v SC @ 42,0 g a.i/ha (T3), possivelmente devido à menor competição das ervas daninhas com os recursos de crescimento disponíveis, como humidade, nutrientes, luz e espaço, o que levou à redução da população de ervas daninhas, como as de folhas largas e as juncos. Resultados semelhantes foram obtidos por **Barad *et.al* (2016)**

4.1.4 Eficiência do controlo de infestantes (%)

Os dados relativos à eficiência do controlo de ervas daninhas no milho *Rabi*, afectados por diferentes tratamentos de controlo de ervas daninhas registados em diferentes fases de crescimento, foram apresentados no Quadro 4.5 e representados na Fig.4.4. Aos 30 DAS, a maior eficiência de controlo de ervas daninhas (78,54%) foi obtida com a monda manual duas vezes aos 20 e 40 DAS (T_7), seguida de 56,80% com Topramezone 336 g/l w/v SC @ 42,0 g a.i/ha (T_3), enquanto a menor eficiência de controlo de ervas daninhas (41,4%) foi obtida com Topramezone 336 g/l w/v SC @ 25,2 g a.i/ha (T_1). Também é óbvio a partir dos dados que o Topramezona 336 g/l p/v SC @ 42,0 g a.i/ha (T_3) registou maior eficiência de controlo de ervas daninhas (56,8%) sobre o Tembotrione 34,4%SC @ 120,0 g a.i/ha (T_6). Tendências similares de WCE foram obtidas em todos os estágios de crescimento da cultura. Na fase de colheita, o maior WCE com o valor de (70,64%) foi obtido sob capina manual duas vezes aos 20 e 40 DAS (T_7), seguido por Topramezone 336 g / l w / v SC @ 42,0 g a.i / ha (T_3), enquanto a menor eficiência de controle de ervas daninhas foi obtida sob Topramezone 336 g / l w / v SC (amostra de mercado) @ 25,2 g a.i / ha (T_4).

A maior eficiência de controlo de ervas daninhas foi obtida com a monda manual duas vezes aos 20 e 40 DAS (T_7) seguida de Topramezone 336 g/l p/v SC @ 42,0 g a.i/ha (T_3) em todas as fases de crescimento, possivelmente devido ao facto de que as ervas daninhas sob estes tratamentos foram comparativamente melhor controladas em relação ao controlo de ervas daninhas. Resultados semelhantes foram relatados por **Madhavi *et.al* (2013).**

A menor eficiência de controle de ervas daninhas (WCE) obtida sob Topramezone 336 g / l w / v SC (amostra de mercado) @ 25,2 g a.i / ha (T_4) seguido por Topramezone 336 g / l w / v SC @ 25,2 g a.i / ha (T_1) em todos os estágios em estudo pode ser devido ao controle comparativamente ineficaz de ervas daninhas causado por tratamentos de controle de ervas daninhas herbicidas / mecânicos.

4.1.4 Índice de infestantes (%)

Os dados relativos ao índice de infestantes do milho Rabi, afectados por diferentes tratamentos de controlo de infestantes, foram apresentados no quadro 4.6 e representados na Fig.4.5. É óbvio a partir dos dados que o maior índice de ervas daninhas com valor de 60,12% foi obtido sob controle de ervas daninhas (T_8) em comparação com a parcela livre de ervas daninhas, enquanto o menor índice de ervas daninhas por 9,27% foi obtido em Topramezone 336 g / l w / v SC @ 42,0 g a.i / ha (T_3) .

A maior redução no rendimento obtido no controle de ervas daninhas em comparação com a parcela livre de ervas daninhas pode ser devido à maior competição de ervas daninhas pela cultura por recursos de crescimento, o que se reflete em termos de maior índice de ervas daninhas. O menor índice de ervas daninhas obtido no Topramezone 336 g / l w / v SC @ 42,0 g a.i / ha (T_3), como resultado do controle satisfatório de ervas daninhas devido à redução na competição de ervas daninhas da cultura. Resultados semelhantes foram obtidos por **Samantha *et al.* (2015)**

4.1 .5 Absorção de nutrientes pelas infestantes

4.1.5.1. Absorção de nutrientes pelas ervas daninhas aos 60 DAS

A absorção de azoto, fósforo e potássio pelas ervas daninhas aos 60 DAS foi significativamente influenciada pelos tratamentos de gestão das ervas daninhas apresentados no quadro 4.7 e representados na Fig. 4.6

4.1.5.1.1 Absorção de azoto pelas ervas daninhas (kg ha^{-1}).

Entre os diferentes tratamentos, a monda manual duas vezes aos 20 e 40 DAS (T_7) registou uma absorção significativamente menor de azoto em comparação com todos os tratamentos, exceto o Topramezone 336 g/l p/v SC @ 33,6 g a.i/ha (T_2) e Topramezone 336 g/l p/v SC @ 42.0 g a.i/ha (T_3), no entanto, foi obtida uma absorção significativamente maior de nitrogénio sob controlo de ervas daninhas (T_8) em relação ao resto dos tratamentos, exceto o Topramezone 336 g/l p/v SC (amostra de mercado) @ 25,2 g a.i/ha (T_4).

4.1.5.1.2 Absorção de fósforo pelas ervas daninhas (kg ha^{-1}).

A maior absorção de fósforo foi registada no controlo de ervas daninhas (T_8), seguido por Topramezone 336 g/l p/v SC (amostra de mercado) @ 25,2 g a.i/ha (T_4), que foi significativamente maior do que Topramezone 336 g/l p/v SC @ 33,6 g a.i/ha (T2), Topramezone 336 g/l p/v SC @ 42.0 g a.i/ha (T3) e monda manual duas vezes aos 20 e 40 DAS (T7), enquanto que a par com o resto dos tratamentos em estudo e a menor absorção de fósforo foi obtida sob monda manual duas vezes aos 20 e 40 DAS (T7) seguido por Topramezone 336 g/l w/v SC @ 42,0 g a.i/ha (T3).

4.1.5.1.3 Absorção de potássio pelas ervas daninhas (kg ha^{-1}).

A maior absorção de potássio foi obtida sob o controlo de ervas daninhas (T8), que é significativamente maior do que o resto dos tratamentos em estudo. enquanto a menor absorção de potássio por ervas daninhas foi registada sob a monda manual duas vezes aos 20 e 40 DAS (T7) seguido por Topramezone 336 g/l w/v SC @ 42,0 g a.i/ha (T3).

A maior absorção de nutrientes, nomeadamente azoto, fósforo e potássio, pelas ervas daninhas foi registada no controlo de ervas daninhas (T8), devido à ocorrência de uma população de ervas daninhas grave e à sua biomassa, o que levou a uma maior absorção de nutrientes pelas ervas daninhas no referido tratamento em estudo. A menor absorção de nutrientes pelas ervas daninhas foi registada na monda manual duas vezes aos 20 e 40 DAS (T7) devido à menor população de ervas daninhas e ao peso seco das ervas daninhas. Resultados semelhantes foram registados por **Malviya *et al.* (2012).**

Quadro 4.6 Efeito do tratamento de controlo de ervas daninhas no índice de ervas daninhas (%) do milho Rabi.

S.N.	Tratamento	Dose a.i (g/ha)	Índice de infestantes (%)
Ti	Topramezona 336 g/1 p/v SC	**25.2**	29.72
T_2	Topramezona 336 g/1 p/v SC	**33.6**	12.97
T_3	Topramezona 336 g/1 p/v SC	**42.0**	9.27
T_4	Topramezona 336 g/1 p/v SC (amostra de mercado)	**25.2**	31.12
T_5	Topramezona 336 g/1 p/v SC (amostra de mercado)	**33.6**	27.91
T_6	Tembotriona 34,4% SC	**120.0**	2670
T_7	Monda manual duas vezes aos 20 e 40 DAS	-	-
T_8	Controlo de ervas daninhas		60.12
T_9	Topramezona 336 g/1 p/v SC	**67.2**	22.43

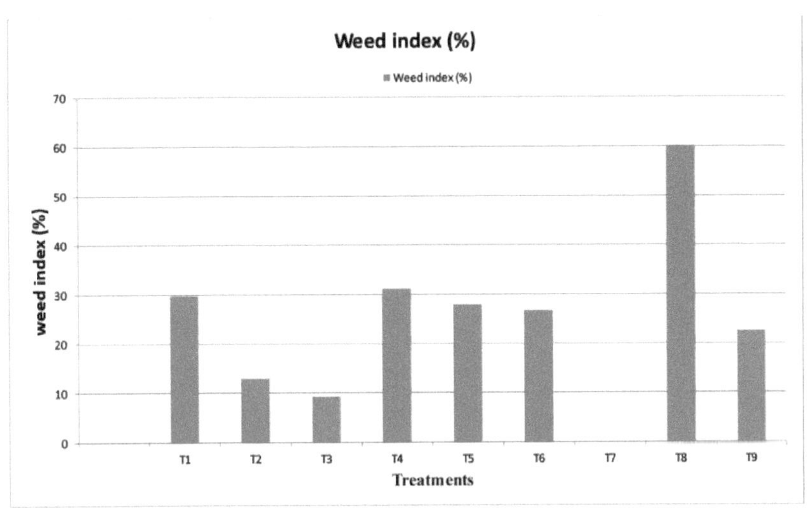

Fig 4.5 Efeito do tratamento de controlo de ervas daninhas no índice de ervas daninhas (%) no milho Rabi.

Tabela 4.7 Efeito dos tratamentos de controlo de ervas daninhas na absorção de nutrientes pelas ervas daninhas (kg/ha).

S.N.	Tratamentos	Dose a.i (g/ha)	Absorção de nutrientes pelas ervas daninhas (kg/ha)		
			Nitrogénio	Fósforo	Potássio
Ti	Topramezona 336 g/l p/v SC	**25.2**	9.63	1.25	11.24
T_2	Topramezona 336 g/l p/v SC	**33.6**	6.04	0.98	8.78
T_3	Topramezona 336 g/l p/v SC	**42.0**	5.97	0.81	8.32
T_4	Topramezona 336 g/l p/v SC (amostra de mercado)	**25.2**	11.12	1.26	12.04
T_5	Topramezona 336 g/l p/v SC (amostra de mercado)	**33.6**	8.67	1.21	10.21
T_6	Tembotriona 34,4% SC	**120.0**	8.55	1.16	10.02

T_7	Monda manual duas vezes aos 20 e 40 DAS	-	3.24	0.60	6.43
T_8	Controlo de ervas daninhas		13.80	1.60	16.83
T_9	Topramezona 336 g/l p/v SC	**67.2**	7.93	1.17	9.04
	SEm±		**1.02**	**0.15**	**1.01**
	C.D a 5%		**3.08**	**0.45**	**3.04**

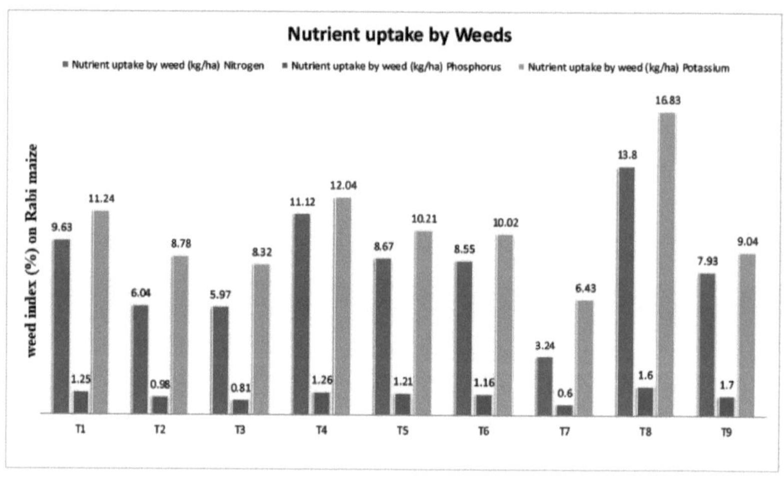

Absorção de nutrientes pelas ervas daninhas (kg/ha) Azoto ▪ Absorção de nutrientes pelas ervas daninhas (kg/ha) Fósforo ▪ Absorção de nutrientes pelas ervas daninhas (kg/ha) Potássio

Fig.4.6 Efeito dos tratamentos de controlo de ervas daninhas na absorção de nutrientes pelas ervas daninhas (kg/ha).

4.2 Estudo sobre a cultura

4.2.1 Parâmetros de crescimento

4.2.1.1. População de plantas (Milhares /ha)

A população inicial e final de plantas de milho *Rabi* influenciada por diferentes tratamentos de controlo de ervas daninhas foi apresentada no quadro 4.8 e representada na Fig. 4.7. É óbvio a partir dos dados que a monda manual duas vezes aos 20 e 40 DAS (T_7) registou a maior população de plantas (66,02 milhares /ha), que foi a par com Topramezone 336 g/l w/v SC @ 33,6 g a.i/ha (T_2) e

Topramezone 336 g/l w/v SC @ 42,0 g a.i/ha (T3), enquanto significativa sobre o resto dos tratamentos em estudo. Os dados também indicam que a população inicial de plantas obtida com Topramezona 336 g/l p/v SC @ 42,0 g a.i/ha (T3) foi significativamente maior do que Tembotriona 34,4%SC @ 120,0 g a.i/ha (T6), enquanto que a par com Topramezona 336 g/l p/v SC @ 33,6 g a.i/ha (T2). A população final de plantas também seguiu a mesma tendência.

O controlo de infestantes (T8) registou a população inicial e final de plantas mais baixa, o que pode dever-se à forte concorrência das infestantes com a cultura desde a fase de germinação até à maturidade. Isto mostrou que o controlo das infestantes é uma operação importante para obter a população de plantas desejável, como é evidente pela maior população de plantas nos restantes tratamentos em relação ao controlo sem infestantes.

4.2.1.2. Altura da planta (cm).

Os dados relativos à altura das plantas de milho *Rabi* afectados por diferentes tratamentos de controlo de ervas daninhas registados em diferentes fases de crescimento foram apresentados no quadro 4.9 e representados na Fig.4.7. Em geral, a altura da planta aumentou sucessivamente até 120 DAS, independentemente dos tratamentos. É evidente a partir dos dados que, aos 30 DAS, a monda manual duas vezes aos 20 e 40 DAS (T7) registou uma altura de planta significativamente mais elevada do que o Topramezone 336 g/l p/v SC @ 25,2 g a.i/ha (T1), Topramezone 336 g/l p/v SC (Amostra de Mercado) @ 25,2 g a.i/ha (T4) e controlo de ervas daninhas (T8), enquanto que a par com o resto dos tratamentos. A altura mais baixa das plantas foi registada sob o controlo de ervas daninhas (T8) seguido pelo Topramezone 336 g/l p/v SC (Amostra de Mercado) @ 25,2 g a.i/ha (T4). Aos 60 DAS, a monda manual duas vezes aos 20 e 40 DAS (T7) registou uma altura de planta significativamente mais elevada do que o Topramezona 336 g/l p/v SC @ 25,2 g a.i/ha (T1), Topramezona 336 g/l p/v SC (Amostra de Mercado) @ 25,2 g a.i/ha (T4), Topramezona 336 g/l p/v SC (Amostra de Mercado) @ 33,6 g a.i/ha (T5) e controlo de ervas daninhas (T8), enquanto que no resto dos tratamentos. A altura de planta mais baixa foi registada sob o controlo de ervas daninhas (T8) seguido pelo Topramezone 336 g/l p/v SC @ 25,2 g a.i/ha (T1). É evidente a partir dos dados que, aos 90 DAS, a monda manual duas vezes aos 20 e 40 DAS (T7) registou uma altura de planta significativamente maior do que o resto do tratamento, exceto Topramezone 336 g/l w/v SC @ 33,6 g a.i/ha (T2), Topramezone 336 g/l w/v SC @ 42,0 g a. i/ha (T3) e Tembotrione 34,4%SC @ 120,0 g a.i/ha (T6). A menor altura de planta registada sob o controlo de ervas daninhas (T8) seguido por Topramezone 336 g/l p/v SC @ 25,2 g a.i/ha (T1). Aos 120 DAS, a monda manual duas vezes aos 20 e 40 DAS (T7) registou uma altura de planta significativamente maior do que o resto do tratamento sob a presente investigação, exceto o Topramezone 336 g/l w/v SC @ 33,6 g a.i/ha (T2) e Topramezone 336 g/l w/v SC @ 42,0 g a.i/ha (T3) e a altura de planta mais baixa foi registada sob o controlo de ervas daninhas (T8) seguido pelo Topramezone 336 g/l w/v SC @ 25,2 g a.i/ha (T1). Na colheita, obteve-se uma tendência semelhante à de 120 DAS.

A maior altura de planta obtida sob o tratamento em diferentes estágios pode ser devida à maior divisão celular, alongamento celular e diferenciação celular nos tecidos meristemáticos pode ser devido à menor competição cultura-ervas daninhas por luz, nutrientes e espaço, em contraste com isso, a menor altura de planta foi registrada no tratamento de verificação de ervas daninhas pode ser devido à maior infestação de ervas daninhas e ameaça de ervas daninhas como resultado de maior competição cultura-ervas daninhas. Resultados semelhantes foram registados por **Verma *et al.* (2009)**

4.2.1.3. Produção de matéria seca vegetal (g/m^2).

A produção de matéria seca é o parâmetro relativo da utilização efectiva de recursos no melhor ambiente de produção de culturas. Os dados sobre a produção de matéria seca (g m-^{2}) aos 30, 60, 90, 120 DAS e na colheita apresentados no quadro 4.10 indicam que as práticas de gestão das infestantes influenciaram significativamente a produção de matéria seca do milho *Rabi*. Em geral, o milho cultivado no controlo de infestantes registou a menor produção de matéria seca durante todo o período de crescimento da cultura. Aos 30 DAS, o tratamento Monda manual duas vezes aos 20 e 40 DAS (T7) registou uma produção de matéria seca das plantas significativamente mais elevada do que os restantes tratamentos em estudo. Aos 60 DAS, a monda manual duas vezes aos 20 e 40 DAS (T7) registou uma produção de matéria seca significativamente maior do que o Topramezone 336 g/l w/v SC @ 25,2 g a.i/ha(T1), Topramezone 336 g/l w/v SC (Amostra de Mercado) @ 25,2 g a.i/ha (T4) ,Topramezone 336 g/l w/v SC (Amostra de Mercado) @ 33.6 g a.i/ha (T5) e controlo de ervas daninhas (T8), enquanto que a par com Topramezone 336 g/l w/v SC @ 33.6 g a.i/ha (T2), Topramezone 336 g/l w/v SC @ 42.0 g a.i/ha (T3), Tembotrione 34.4%SC @ 120.0 g a.i/ha (T6) e Topramezone 336 g/l w/v SC @ 67.2 g a.i/ha (T9). A menor produção de matéria seca de plantas foi registada no controlo de ervas daninhas (T8), seguido pelo Topramezone 336 g/l p/v SC (Amostra de Mercado) a 25,2 g a.i/ha (T4). Enquanto que aos 90 DAS, a monda manual duas vezes aos 20 e 40 DAS (T7) registou uma produção de matéria seca significativamente mais elevada em relação ao resto dos tratamentos, exceto o tratamento Topramezone 336 g/l w/v SC @ 33,6 g a.i/ha (T2) e Topramezone 336 g/l w/v SC @ 42,0 g a.i/ha (T3). A menor produção de matéria seca de plantas foi registada sob controlo de ervas daninhas (T8), seguida de Topramezone 336 g/l p/v SC (Amostra de Mercado) a 33,6 g a.i/ha (T5). Aos 120 DAS o tratamento Capina manual duas vezes aos 20 e 40 DAS (T7)) registou uma produção de matéria seca significativamente maior do que o resto dos tratamentos, exceto Topramezone 336 g/l p/v SC @ 33,6 g a.i/ha (T2). Topramezone 336 g/l p/v SC @ 42.0 g a.i/ha(T3), Tembotrione 34.4%SC @ 120.0 g a.i/ha(T6) e controlo de ervas daninhas (T8), e a menor produção de matéria seca de plantas registada sob controlo de ervas daninhas (T8) seguido de Topramezone 336 g/l w/v SC (Amostra de Mercado) @ 25.2 g a.i/ha (T4). Na colheita, o tratamento Capina manual duas vezes aos 20 e 40 DAS (T7) registou uma produção de matéria seca significativamente maior do que os restantes tratamentos, exceto o Topramezone 336 g/l p/v SC @ 33,6 g a.i/ha(T2), Topramezona 336 g/l p/v SC @ 42,0 g a.i/ha(T3) e controlo de ervas daninhas (T8)... enquanto a menor acumulação de matéria seca foi registada no controlo de ervas daninhas (T8) e seguido pelo Topramezona 336 g/l p/v SC (Amostra de Mercado) @ 25,2 g a.i/ha(T4)

A produção de matéria seca aumentou à medida que o crescimento progrediu e o valor mais elevado foi observado na colheita. Em diferentes estágios de crescimento da planta de milho, o peso seco por planta foi significativamente diferente nos diferentes tratamentos. Em todas as fases de crescimento, o controlo das ervas daninhas registou a menor acumulação de matéria seca. Isto pode dever-se à forte competição das ervas daninhas que restringe o desenvolvimento da cultura. O peso seco máximo foi observado no tratamento de monda manual porque ofereceu uma competição mínima da cultura contra a flora de ervas daninhas em fases críticas do milho. Entre outros tratamentos herbicidas, o Topramezone 336 g/l w/v SC @ 42.0 g a.i/ha (T3) foi considerado melhor devido ao controlo efetivo de toda a flora de ervas daninhas e ajudou as culturas a uma translocação efectiva de fotossintatos. Foi observado um peso seco mínimo no controlo das ervas daninhas devido à competição máxima com as mesmas. Resultados semelhantes foram registados por **Malviya e Singh (2007). E Sunitha *et al.*(2011)**

Quadro 4.8 Efeito de vários tratamentos de controlo de infestantes na população inicial e final de plantas de milho Rabi (000 ha)[1]

S.n.	Tratamento	Dose a.i (g/ha)	População inicial de plantas	População final da planta
Ti	Topramezona 336 g/1 p/v SC	**25.2**	64.46	63.12
T_2	Topramezona 336 g/1 p/v SC	**33.6**	65.16	65.01
T_3	Topramezona 336 g/1 p/v SC	**42.0**	65.67	65.21
T_4	Topramezona 336 g/1 p/v SC (amostra de mercado)	**25.2**	64.32	63.04
T_5	Topramezona 336 g/1 p/v SC (amostra de mercado)	**33.6**	64.76	64.14
T_6	Tembotriona 34,4% SC	**120.0**	64.73	64.04
T_7	Monda manual duas vezes aos	-	66.02	65.32

	20 e 40 DAS			
T_8	Controlo de ervas daninhas		59.5	58.0
T_9	Topramezona 336 g/1 p/v SC	**67.2**	65.01	64.04
	SEm±		**0.28**	**0.31**
	C.D a 5%		**0.87**	**0.93**

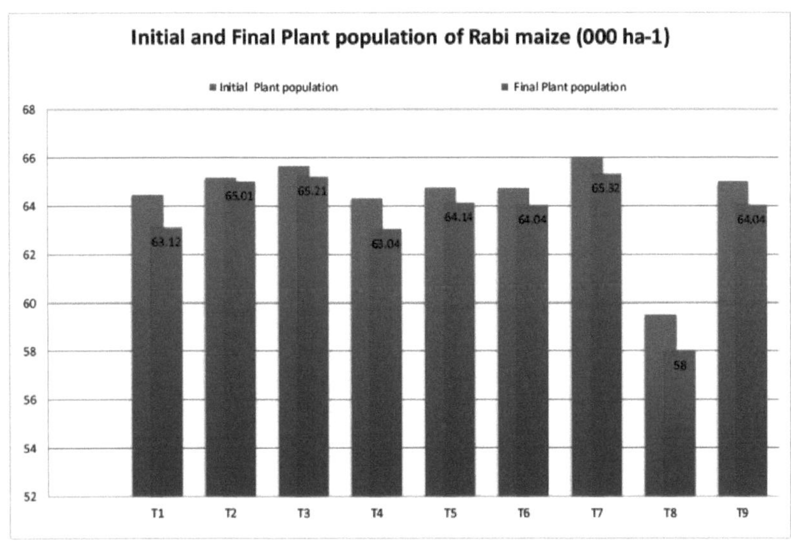

Fig. 4.7 Efeito de vários tratamentos de controlo de ervas daninhas na população inicial e final de plantas de milho Rabi (000 ha-1)

Tabela 4.9 Efeito do controlo de ervas daninhas Tratamentos s na altura da planta (cm) em diferentes fases do milho Rabi.

S.n.	**Tratamento**	**Dosagens**	**Altura da planta (cm)**				
			30DAS	**60DAS**	**90 DAS**	**120 DAS**	**AH**
Ti	Topramezona 336 g/1 p/v SC	**25.2**	30.89	97.70	152.24	206.91	206.92
T_2	Topramezona 336 g/1 p/v SC	**33.6**	34.61	103.14	161.94	216.90	215.90
T_3	Topramezona 336 g/1 p/v SC	**42.0**	34.60	104.24	162.13	216.43	216.90
T_4	Topramezona 336 g/1 p/v SC (amostra de mercado)	**25.2**	29.64	98.20	157.64	207.20	207.0
T_5	Topramezona 336 g/1 p/v SC	**33.6**	33.26	98.40	156.76	210.10	210.96

	(amostra de mercado)						
T_6	Tembotriona 34,4% SC	**120.0**	33.76	102.90	162.20	215.92	215.58
T_7	Monda manual duas vezes aos 20 e 40 DAS	-	35.10	105.24	163.1	219.24	218.96
T_8	Controlo de ervas daninhas		28.40	95.96	157.73	202.14	201.90
T_9	Topramezona 336 g/l p/v SC	**67.2**	34.63	102.94	158.7	215.90	215.50
	SEm ±		**0.71**	**0.91**	**0.79**	**1.09**	**1.11**
	C.D a 5%		**2.14**	**2.74**	**2.38**	**3.29**	**3.35**

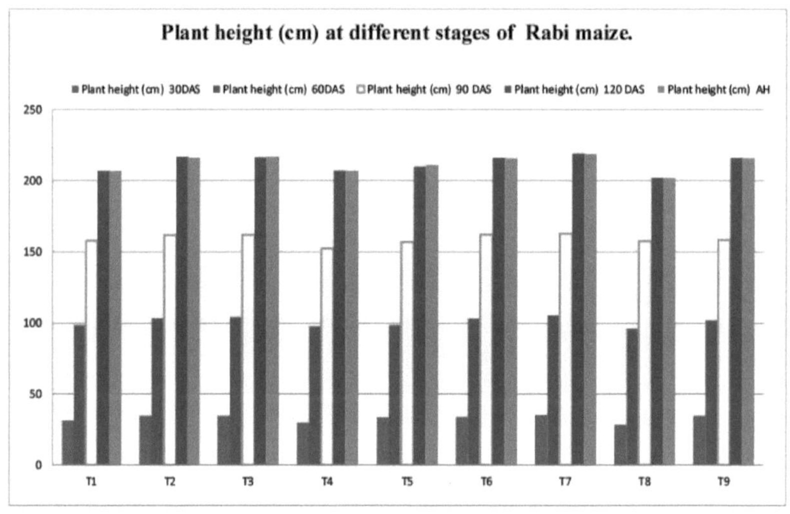

Fig. 4.8 Efeito dos tratamentos de controlo de ervas daninhas s na altura das plantas (cm) em diferentes fases do milho Rabi.

Tabela 4.10 Efeito dos tratamentos de controlo de ervas daninhas na produção de matéria seca (g/planta) em diferentes fases do milho Rabi.

S.n.	Tratamento	Dosagens	Produção de matéria seca (g/planta)				
			30DAS	60DAS	90 DAS	120 DAS	AH
Ti	Topramezona 336 g/l p/v SC	**25.2**	9.07	82.94	326.10	1072.96	1126.9
T_2	Topramezona 336 g/l p/v SC	**33.6**	11.04	91.80	370.04	1236.09	1299.08
T_3	Topramezona 336 g/l p/v SC	**42.0**	12.33	96.86	374.20	1250	1309.04
T_4	Topramezona 336 g/l p/v SC (amostra de mercado)	**25.2**	9.01	80.86	321.20	1060	1101.20

T_5	Topramezona 336 g/l p/v SC (amostra de mercado)	**33.6**	9.84	89.70	321.10	1064.90	1114.09
T_6	Tembotriona 34,4% SC	**120.0**	10.20	90.76	360.90	1226.91	1256.91
T_7	Monda manual duas vezes aos 20 e 40 DAS	-	19.24	97.36	391.02	1270.6	1318.06
T_8	Controlo de ervas daninhas		7.04	76.80	297.90	1001.6	1037.60
T_9	Topramezona 336 g/l p/v SC	**67.2**	10.98	92.19	358.10	1231.9	1290.90
	SEm±		**1.50**	**2.29**	**9.9**	**17.90**	**18.40**
	C.D a 5%		**4.53**	**6.91**	**29.89**	**54.05**	**55.56**

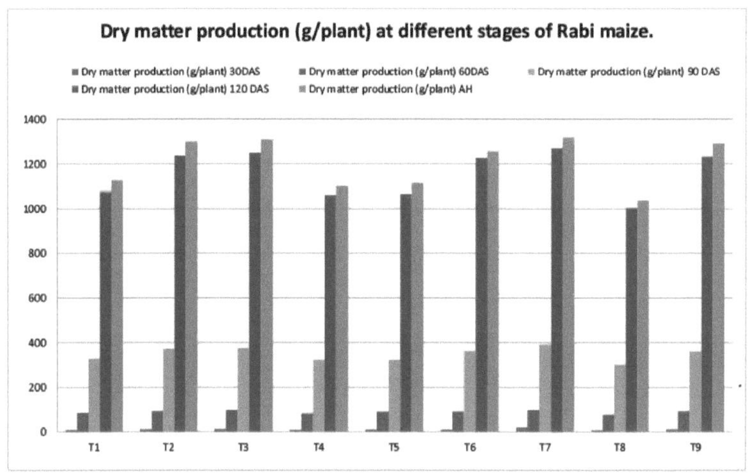

Fig 4.9 Efeito dos tratamentos de controlo de ervas daninhas na produção de matéria seca (g/planta) em diferentes fases do milho Rabi.

4.2.1.4. Índice de área foliar

O índice de área foliar (LAI) do milho *Rabi* foi significativamente influenciado pelas práticas de gestão de ervas daninhas em diferentes fases de crescimento da cultura (Quadro 4.11 e Fig. 4.10). Em geral, o IAF do milho *rabi* aumentou lentamente até aos 60 DAS, mas depois dos 60 DAS o índice de área foliar do milho rabi aumentou com uma taxa crescente até aos 120 DAS, depois disso registou-se um declínio acentuado no índice de área foliar do milho *rabi*. Aos 30 DAS, observou-se um LAI significativamente mais elevado do milho *Rabi* no tratamento Capina manual duas vezes aos 20 e 40 DAS (T7) em comparação com os restantes tratamentos, exceto o Topramezone 336 g/l p/v SC @ 33,6 g a.i/ha (T2) e Topramezone 336 g/l p/v SC @ 42,0 g a.i/ha (T3). Enquanto o menor LAI foi registado no tratamento Weedy check (T8). Aos 60 DAS, o LAI foi significativamente maior no tratamento

Capina manual duas vezes aos 20 e 40 DAS (T7) em comparação com os restantes tratamentos, exceto o tratamento Topramezona 336 g/l p/v SC @ 42,0 g a.i/ha (T3) e o LAI mais baixo foi registado no tratamento Controlo de ervas daninhas (T8). O tratamento Topramezona 336 g/l p/v SC @ 42,0 g a.i/ha(T3) registou um LAI significativamente maior aos 90DAS em comparação com os restantes tratamentos, exceto Topramezona 336 g/l p/v SC @ 33,6 g a. i/ha(T2) , Tembotrione 34.4%SC @ 120.0 g a.i/ha(T6) e Capina manual duas vezes aos 20 e 40 DAS (T7) e LAI significativamente mais baixo foi registado no controlo de ervas daninhas (T8) em comparação com o resto dos tratamentos. Tendência semelhante foi encontrada aos 120 DAS. Na colheita, observou-se um LAI de milho significativamente mais elevado no tratamento Capina manual duas vezes aos 20 e 40 DAS (T7) em relação aos restantes tratamentos, enquanto que no tratamento Topramezone 336 g/l p/v SC @ 42,0 g a.i/ha (T3). O tratamento de controlo de ervas daninhas (T8) registou um índice de área foliar significativamente mais baixo no milho do que os restantes tratamentos.

A área foliar do milho é um indicador direto da fotossíntese líquida, que também é influenciada por diferentes práticas de gestão de ervas daninhas (Quadro 4.11 e Figura 4.10). A área foliar aos 60, 90, 120 DAS e na colheita foi significativamente maior nos tratamentos Capina manual duas vezes aos 20 e 40 DAS (T7) e Topramezone 336 g/l p/v SC @ 42,0 g a.i/ha (T3). Isto pode ser devido ao controlo eficaz das ervas daninhas desde os estágios iniciais do crescimento da cultura do milho, levando a uma menor competição entre as ervas daninhas, o que levou a uma área foliar significativamente maior por planta, enquanto que a menor área foliar por planta foi observada no controlo das ervas daninhas devido ao crescimento descontrolado das ervas daninhas, resultando em competição severa, como também relatado por **Khan *et al.* (2002) e Akhtar *et al.* (1984)**.

Tabela 4.11 Efeito dos tratamentos de controlo de ervas daninhas no índice de área foliar em diferentes fases do milho Rabi.

S.n.	Tratamento	Dosagens	Índice de área foliar				
			30DAS	**60DAS**	**90 DAS**	**120 DAS**	**AH**
Ti	Topramezona 336 g/1 p/v SC	**25.2**	0.38	0.86	2.28	2.99	0.89
T_2	Topramezona 336 g/1 p/v SC	**33.6**	0.64	1.14	2.46	4.01	1.04
T_3	Topramezona 336 g/1 p/v SC	**42.0**	0.66	1.19	2.56	4.16	1.18
T_4	Topramezona 336 g/1 p/v SC (amostra de mercado)	**25.2**	0.33	0.83	2.14	2.96	0.82
T_5	Topramezona 336 g/1 p/v SC (amostra de mercado)	**33.6**	0.36	0.89	2.24	3.33	0.73
T_6	Tembotriona 34,4% SC	**120.0**	0.39	0.92	2.39	3.87	0.75
T_7	Monda manual duas vezes aos 20 e 40 DAS	-	0.69	1.30	2.44	3.92	1.34
T_8	Controlo de ervas daninhas		0.32	0.83	1.79	2.26	0.65
T_9	Topramezona 336 g/1 p/v SC	**67.2**	0.46	0.98	2.27	3.65	0.92
	SEm±		**0.02**	**0.03**	**0.06**	**0.22**	**0.05**
	C.D a 5%		**0.07**	**0.11**	**0.19**	**0.66**	**0.16**

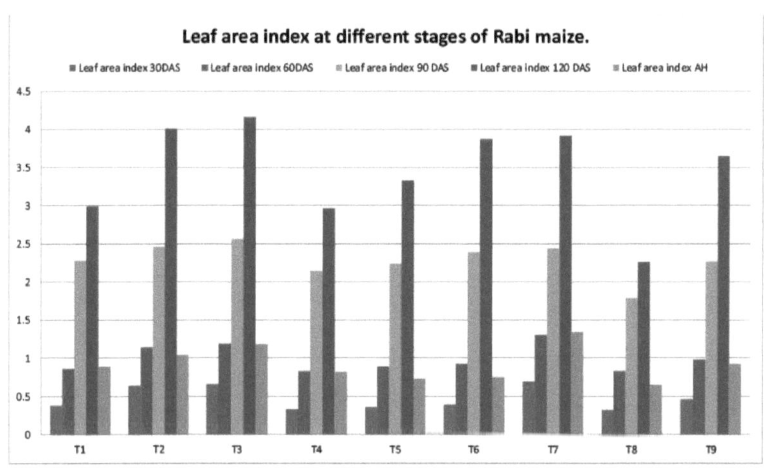

Fig 4.10 Efeito dos tratamentos de controlo de ervas daninhas no índice de área foliar em diferentes fases do milho Rabi.

4.2.1.5. Dias para 75% de desponta, 75% de silagem e dias para o amadurecimento.

Os diferentes tratamentos de práticas de gestão de infestantes influenciaram significativamente os dias necessários para 75% de desfolhamento e 75% de silagem no milho. O número de dias necessários para 75% de desfolhamento e silagem em diferentes tratamentos de gestão de infestantes varia entre 84,00 e 95,00 dias e 90,1 e 101,5 dias, respetivamente (Quadro 4.12). Entre as práticas de controle de ervas daninhas, a capina manual duas vezes aos 20 e 40 DAS (T7) levou (95,00) dias para 75% de tasseling e 101,5 dias para 75% de silagem, o que pode ser devido a operações oportunas de manejo de ervas daninhas realizadas nesses tratamentos, seguidas pelo tratamento Topramezone 336 g / l w / v SC @ 42,0 g a.i / ha (T3), enquanto o número máximo de dias (84,00) dias levados para 75% de tasseling e 90,1 dias levados para 75% de silagem foi registrado no controle de ervas daninhas (T8). Os dias levados até à maturidade também foram significativamente influenciados pelos vários tratamentos de controlo de ervas daninhas. O número máximo de dias levados para a maturação foi registado na monda manual duas vezes aos 20 e 40 DAS (T7) e seguido pelo Topramezone 336 g/l p/v SC @ 42,0 g a.i/ha (T3).

4.2.1.6. Taxa de crescimento da cultura (g/m^2 /dia)

A taxa de crescimento da cultura do milho foi significativamente influenciada pelas diferentes práticas de gestão de ervas daninhas, conforme apresentado na Tabela 4.13 e representado na Fig 4.12. Aos 30-60 DAS, o Topramezone 336 g/l w/v SC @ 42,0 g a.i/ha (T3) registou um CGR significativamente mais elevado (2,81 g/m^2 /dia) em todos os tratamentos e a taxa de crescimento da cultura significativamente mais baixa (2,32 g/m^2 /dia) foi registada no tratamento de controlo de infestantes (T8). Aos 60-90 DAS, a monda manual duas vezes aos 20 e 40 DAS (T7) registou uma taxa de crescimento da cultura significativamente mais elevada (9,79 g/m^2 /dia) em relação ao resto dos tratamentos em estudo e a taxa de crescimento relativo mais baixa (7,73 g/m^2 /dia) foi observada no tratamento Weedy check (T8) seguido pelo Topramezone 336 g/l w/v SC (Market Sample) @ 33,6 g a.i/ha (T5). Durante os 90-120 DAS, a monda manual duas vezes aos 20 e 40 DAS (T7) registou uma taxa de crescimento da cultura significativamente maior (29,31 g/m^2 /dia) em relação aos restantes tratamentos, exceto o Topramezone 336 g/l p/v SC @ 33,6 g a.i/ha (T2), Topramezona 336 g/l p/v SC @ 42,0 g a.i/ha (T3) e Topramezona 336 g/l p/v SC @ 67,2 g a.i/ha (T9) e a menor taxa de crescimento da cultura (23,45 g/m^2 /dia) foi observada no tratamento Weedy check (T8). Aos 120 DAS -AH verificou-se que o tratamento Topramezone 336 g/l p/v SC @ 42,0 g a. i/ha (T3) registou uma taxa de crescimento da cultura significativamente mais elevada 0,85 g/m^2 /dia em relação aos restantes tratamentos. E a menor taxa de crescimento relativo (0,85 g/m^2 /dia) foi observada no tratamento Tembotrione 34,4%SC @ 120,0 g a.i/ha (T6) seguido pelo controlo Weedy (T8).

A taxa de crescimento da cultura (g/m^2 /dia) foi significativamente influenciada por diferentes práticas de gestão de ervas daninhas em todas as fases. Inicialmente, aumentou lentamente devido ao crescimento lento da cultura devido à alta competição das ervas daninhas, depois rapidamente entre 90-120 DAS devido à menor competição das ervas daninhas e à dominância do crescimento da cultura.

Tabela 4.12 Efeito dos tratamentos de controlo de ervas daninhas nos dias necessários para 75 % de desfolhamento, silagem e maturação do milho Rabi.

S.n.	Tratamento	Dosagens	Dias para 75% de desfolhamento	Dias até 75 % de ensilagem	Dias até ao vencimento
Ti	Topramezona 336 g/l p/v SC	**25.2**	90.0	96.6	153.8
T_2	Topramezona 336 g/l p/v SC	**33.6**	86.0	93.0	151.4
T_3	Topramezona 336 g/l p/v SC	**42.0**	92.0	96.0	153.3
T_4	Topramezona 336 g/l p/v SC (amostra de mercado)	**25.2**	90.6	98.0	155.9
T_5	Topramezona 336 g/l p/v SC (amostra de mercado)	**33.6**	85.6	92.3	149.8
T_6	Tembotriona 34,4% SC	**120.0**	88.3	95.3	152.4
T_7	Monda manual duas vezes aos 20 e 40 DAS	-	95.0	101.5	156.5
T_8	Controlo de ervas daninhas	-	84.0	90.1	149.4
T_9	Topramezona 336 g/l p/v SC	**67.2**	86.0	95.0	151.9
	SEm±		**1.22**	**1.05**	**1.09**
	C.D a 5%		**3.69**	**3.20**	**3.27**

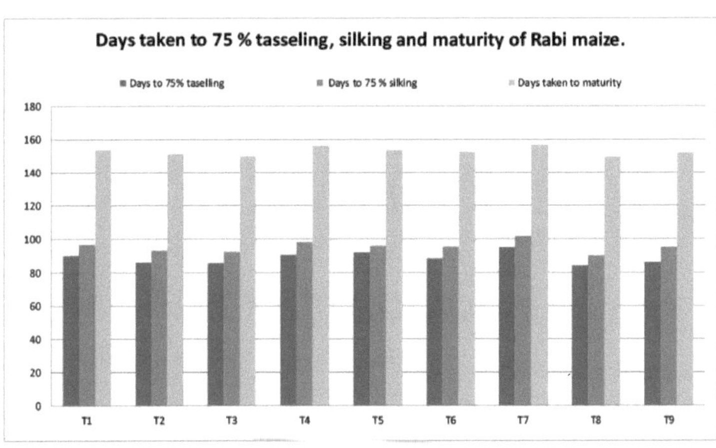

Fig. 4.11 Efeito dos tratamentos de controlo de ervas daninhas nos dias necessários para 75 % de desfolhamento, silagem e maturação do milho Rabi.

Tabela 4.13 Efeito dos tratamentos de controlo de ervas daninhas na taxa de crescimento da cultura (g/m² /dia) do milho Rabi.

S.n.	Tratamento	Dosagens	Taxa de crescimento da cultura (g/m² /dia)			
			30-60 DAS	60-90DAS	90-120 DAS	120-AH
Ti	Topramezona 336 g/l p/v SC	**25.2**	2.46	8.10	24.89	1.54
T_2	Topramezona 336 g/l p/v SC	**33.6**	2.69	9.27	28.86	1.79
T_3	Topramezona 336 g/l p/v SC	**42.0**	2.81	9.24	29.19	1.96
T_4	Topramezona 336 g/l p/v SC (amostra de mercado)	**25.2**	2.39	8.01	24.63	1.17
T_5	Topramezona 336 g/l p/v SC (amostra de mercado)	**33.6**	2.66	7.71	24.63	1.40
T_6	Tembotriona 34,4% SC	**120.0**	2.68	9.00	28.8	0.85
T_7	Monda manual duas vezes aos 20 e 40 DAS	-	2.60	9.79	29.31	1.35
T_8	Controlo de ervas daninhas		2.32	7.37	23.45	1.02
T_9	Topramezona 336 g/l p/v SC	**67.2**	2.70	8.86	29.12	1.68
	SEm±		**0.01**	**0.05**	**0.16**	**0.02**
	C.D a 5%		**0.03**	**0.15**	**0.49**	**0.07**

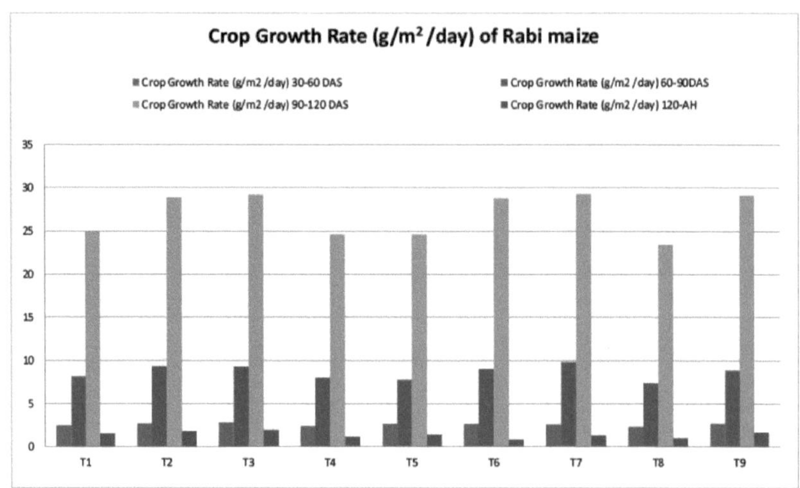

Fig 4.12 Efeito dos tratamentos de controlo de ervas daninhas na taxa de crescimento da cultura (g/m^2 /dia) do milho Rabi

4.2.1.7. Taxa de crescimento relativo ($g/g/dia X 10)^3$

A taxa de crescimento relativo do milho foi significativamente influenciada pelas diferentes práticas de gestão de ervas daninhas, conforme apresentado na Tabela 4.14. Aos 30-60 DAS, o tratamento de controlo de ervas daninhas ($_{T8}$) registou uma RGR significativamente maior (79,65 g/g/dia X 10^3) em comparação com o resto dos tratamentos, enquanto a RGR mais baixa foi registada no tratamento de monda manual duas vezes aos 20 e 40 DAS ($_{T7}$). Aos 60-90 DAS o Topramezone 336 g/l w/v SC @ 33.6 g a.i/ha($_{T2}$) registou uma taxa de crescimento relativo significativamente maior (46.4 g/g/dia X 10^3) em relação aos restantes tratamentos, exceto o Tembotrione 34.4%SC @ 120.0 g a.i/ha ($_{T6}$) e Capina manual duas vezes aos 20 e 40 DAS ($_{T7}$) e a menor taxa de crescimento relativo (45,18 g/g/dia X 10) foi observada no Topramezone 336 g/l p/v SC (Amostra de Mercado) @ 33,6 g a.i/ha ($_{T5}$) seguido pelo tratamento Controle de ervas daninhas ($_{T8}$). Durante 90-120 DAS, o Topramezone 336 g/l p/v SC @ 67,2 g a. i/ha ($_{T9}$) registou uma taxa de crescimento relativo significativamente mais elevada, 41,1 g/g/dia X 10^3 , em relação aos restantes tratamentos, e a taxa de crescimento relativo mais baixa (39,28 g/g/dia X 10^3) foi observada no tratamento Capina manual duas vezes aos 20 e 40 DAS ($_{T7}$). Aos 120 DAS -AH verificou-se que o tratamento Topramezone 336 g/l p/v SC @ 33,6 g a.i/ha ($_{T2}$) registou uma taxa de crescimento relativo significativamente mais elevada (1,65 g/g/dia X 10^3) em relação aos restantes tratamentos e a taxa de crescimento relativo mais baixa (0,80 g/g/dia X 10^3) foi observada no tratamento Tembotrione 34,4%SC @ 120,0 g a.i/ha ($_{T6}$) seguido de monda manual duas vezes aos 20 e 40 DAS (T7).

A taxa de crescimento relativo (RGR) é a taxa de acumulação de nova massa seca por unidade de massa seca existente e é um fator determinante da competitividade das plantas. A RGR é uma medida indireta da taxa de aquisição de recursos, e numerosos estudos descobriram que o aumento da RGR aumenta a supressão de ervas daninhas. Quanto mais rapidamente um indivíduo acumula biomassa, mais carbono está disponível para aumentar o crescimento das raízes e dos rebentos para um maior acesso à luz e aos nutrientes do solo, o que, por sua vez, permite uma maior acumulação de biomassa.

4.2.2. Caracteres de atribuição de rendimento

Os atributos de rendimento em qualquer cultura são os parâmetros mais vitais que precisam de ser melhorados através da influência combinada de quaisquer tratamentos na produção económica total da cultura. Os dados relativos ao número de espigas por planta, número de linhas por espiga, número de grãos por linha, comprimento da espiga, número de grãos por espiga, peso do teste de 1000 sementes e peso do grão por espiga são apresentados nos quadros 4.15 e 4.16.

4.2.2.1. N.º de espigas/planta

Houve uma diferença significativa no número de espigas por planta no milho Rabi devido aos diferentes tratamentos de controlo de ervas daninhas. Um número significativamente maior de espigas (1,60) por planta foi observado na monda manual duas vezes aos 20 DAS e 40 DAS (T7), que foi a par com T2 e Topramezone 336 g/l p/v SC @ 42,0 g a.i/ha (T3) teve diferença significativa sobre o resto dos tratamentos. O menor número de espigas (0,80) por planta foi observado no controle de ervas daninhas (T8) seguido pelo Topramezone 336 g/l p/v SC (Amostra de Mercado) @ 25,2 g a.i/ha (T4).

4.2.2.2. Comprimento da espiga (cm)

Há uma diferença significativa no comprimento da espiga no milho Rabi devido aos diferentes tratamentos de controlo de ervas daninhas. O tratamento Capina manual duas vezes aos 20 DAS e 40 DAS (T7) registou um comprimento de espiga significativamente maior (18,4 cm) em relação ao resto do tratamento, exceto o Topramezone 336 g/l p/v SC @ 42,0 g a.i/ha (T3). O menor comprimento de espiga (14,9 cm) foi observado no controle de ervas daninhas (T8) seguido pelo Topramezone 336 g/l p/v SC @ 25,2 g a.i/ha (T1).

4.2.2.3. Número de grãos por espiga

Foram registadas diferenças significativas no número de grãos por espiga no milho Rabi devido a diferentes tratamentos de controlo de ervas daninhas. A monda manual duas vezes aos 20 DAS e 40 DAS (T7) registou um número significativamente mais elevado de grãos 521,73 por planta em relação aos restantes tratamentos em estudo. O menor número de grãos 329,6 por planta foi observado no controle de ervas daninhas (T8) seguido pelo Topramezone 336 g/l p/v SC (Amostra de Mercado) @ 33,6 g a.i/ha (T5).

4.2.2.4. Peso dos grãos por espiga (g)

Verificou-se uma diferença significativa no peso dos grãos por espiga no milho Rabi devido aos diferentes tratamentos de controlo de ervas daninhas. A monda manual duas vezes aos 20 DAS e 40 DAS (T7) registou um maior peso de grãos (132,99 g) por espiga, o que é significativo em relação aos restantes tratamentos em estudo. O menor peso de grãos (69,67 g) por espiga foi observado no controle de ervas daninhas (T8) seguido pelo Topramezone 336 g/l p/v SC (Amostra de Mercado) @ 33,6 g a.i/ha (T5).

4.2.2.5. Peso da espiga (g)

Foram registadas diferenças significativas no peso das espigas de milho Rabi devido aos diferentes tratamentos de controlo de ervas daninhas. A monda manual duas vezes aos 20 DAS e 40 DAS (T7) registou o maior peso de espiga 177,8 g por espiga, o que é significativo em relação aos restantes tratamentos em estudo. O menor peso de grãos 96,77 g por espiga foi observado no controle de ervas daninhas (T8) seguido pelo Topramezone 336 g/l p/v SC @ 25,2 g a.i/ha (T1).

4.2.2.6. Peso de ensaio de 1000 grãos (g).

Houve uma diferença significativa no peso de teste do milho Rabi devido aos diferentes tratamentos de controlo de ervas daninhas. A monda manual duas vezes aos 20 DAS e 40 DAS (T7) registou um peso de teste significativamente maior (254,9) em comparação com o resto dos tratamentos, exceto Topramezone 336 g/l w/v SC @ 33,6 g a.i/ha (T2) e Topramezone 336 g/l w/v SC @ 42,0 g a.i/ha (T3). O menor peso de teste (211,4 g) foi registrado no controle de ervas daninhas (T8) seguido por Topramezone 336 g/l p/v SC @ 25,2 g a.i/ha (T1).

4.2.2.7. Comprimento da espiga (cm)

A leitura dos dados sobre o comprimento da espiga (cm) do milho indicou que os tratamentos variaram significativamente entre si. No entanto, o comprimento máximo de espiga de 18,4 cm foi registado na monda manual duas vezes aos 20 DAS e 40 DAS (T7), que foi a par com Topramezone 336 g/l w/v SC @ 42,0 g a.i/ha (T3) enquanto significativamente superior ao resto dos tratamentos. O menor comprimento de espiga 14,9 cm foi registado no controlo de ervas daninhas (T8) seguido por Tembotrione 34,4%SC @ 120,0 g a.i/ha (T6).

Quadro 4.14 Efeito dos tratamentos de controlo de infestantes s na taxa de crescimento relativo (g/g/dia* 10^3) do milho Rabi.

S.N.	Tratamento	Dosagens	Taxa de crescimento relativo (g/g/dia* 10 $)^3$			
			30-60 DAS	60-90 DAS	90-120 DAS	120-AH
Ti	Topramezona 336 g/1 p/v SC	**25.2**	73.60	45.60	39.69	1.40
T_2	Topramezona 336 g/1 p/v SC	**33.6**	70.60	46.40	40.20	1.65
T_3	Topramezona 336 g/1 p/v SC	**42.0**	68.70	45.05	40.20	1.53
T_4	Topramezona 336 g/1 p/v SC (amostra de mercado)	**25.2**	73.14	45.97	39.79	1.27
T_5	Topramezona 336 g/1 p/v SC (amostra de mercado)	**33.6**	73.66	42.50	39.96	1.50
T_6	Tembotriona 34,4% SC	**120.0**	72.86	46.01	40.78	0.80
T_7	Monda manual duas vezes aos 20 e 40 DAS	-	54.04	46.34	39.28	1.23
T_8	Controlo de ervas daninhas		79.65	45.18	40.4	1.17
T_9	Topramezona 336 g/1 p/v SC	**67.2**	70.98	45.23	41.1	1.55
	SEm±		**0.80**	**0.14**	**0.11**	**0.02**
	C.D a 5%		**2.41**	**0.42**	**0.33**	**0.06**

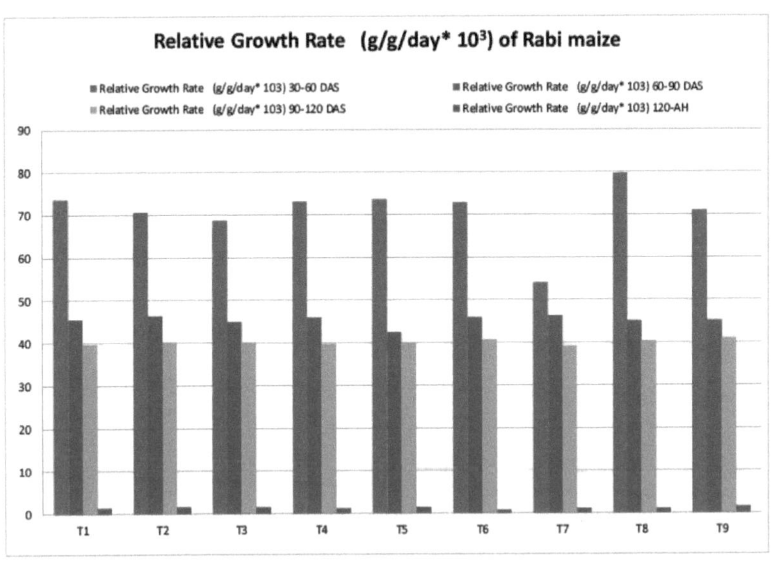

Fig 4.13 Efeito dos tratamentos de controlo de infestantes na taxa de crescimento relativo (g/g/dia* 10^3) do milho Rabi.

Tabela 4.15 Efeito dos tratamentos de controlo de ervas daninhas em diferentes caracteres de rendimento do milho Rabi.

S.n.	Tratamento	Dose a.i (g/ha)	N.º de espigas/planta	Comprimento da espiga (cm)	Número de fileiras de grãos / espiga	N.º de grãos/linha
Ti	Topramezona 336 g/l p/v SC	**25.2**	0.87	15.8	15.84	26.70
T_2	Topramezona 336 g/l p/v SC	**33.6**	1.20	17.1	17.05	29.80
T_3	Topramezona 336 g/l p/v SC	**42.0**	1.33	17.9	17.08	30.0
T_4	Topramezona 336 g/l p/v SC (amostra de mercado)	**25.2**	0.86	16.5	16.59	28.71
T_5	Topramezona 336 g/l p/v SC (amostra de mercado)	**33.6**	0.89	16.8	15.02	28.12
T_6	Tembotriona 34,4% SC	**120.0**	1.00	15.6	16.08	27.21
T_7	Monda manual duas vezes aos 20 e 40 DAS	-	1.60	18.4	17.3	30.10
T_8	Controlo de ervas daninhas		0.80	14.9	13.65	24.0
T_9	Topramezona 336 g/l p/v SC	**67.2**	0.92	15.9	16.90	28.20

	SEm±	0.14	0.18	0.36	2.44
	C.D a 5%	0.42	0.58	1.08	7.36

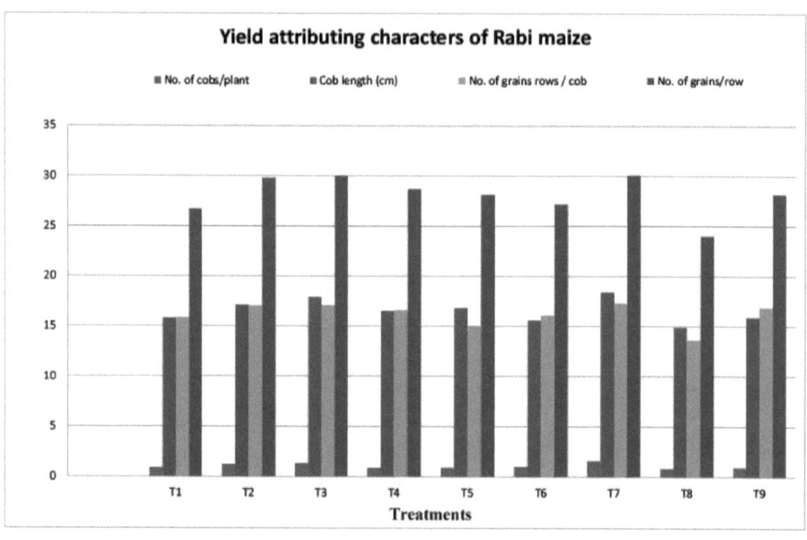

Fig 4.14 Efeito dos tratamentos de controlo de ervas daninhas em diferentes caracteres de rendimento do milho Rabi.

Quadro 4.16 Efeito dos tratamentos de controlo de ervas daninhas em diferentes caraterísticas de rendimento do milho Rabi.

S.N.	Tratamentos	Dose a.i (g/ha)	N.º de grãos/caroço	Peso de 1000 sementes (g)	Peso do grão/caroço (g)	Peso da espiga (g)
Ti	Topramezona 336 g/1 p/v SC	**25.2**	424.92	237.10	101.74	136.31
T_2	Topramezona 336 g/1 p/v SC	**33.6**	508.09	245.92	124.92	166.14
T_3	Topramezona 336 g/1 p/v SC	**42.0**	513.4	247.09	126.75	168.5
T_4	Topramezona 336 g/1 p/v SC (amostra de mercado)	**25.2**	480.16	236.11	113.36	151.76
T_5	Topramezona 336 g/1 p/v SC (amostra de mercado)	**33.6**	422.36	235.5	99.46	132.28
T_6	Tembotriona 34,4% SC	**120.0**	439.53	242.21	106.45	143.57
T_7	Monda manual duas vezes aos 20 e 40 DAS	-	521.73	254.92	132.99	177.8
T_8	Controlo de ervas daninhas		329.6	211.4	69.67	96.77
T_9	Topramezona 336 g/1 p/v SC	**67.2**	478.58	244.67	117.09	154.73
	SEm±		**4.20**	**3.39**	**1.45**	**1.74**
	C.D a 5%		**12.68**	**10.23**	**4.37**	**5.25**

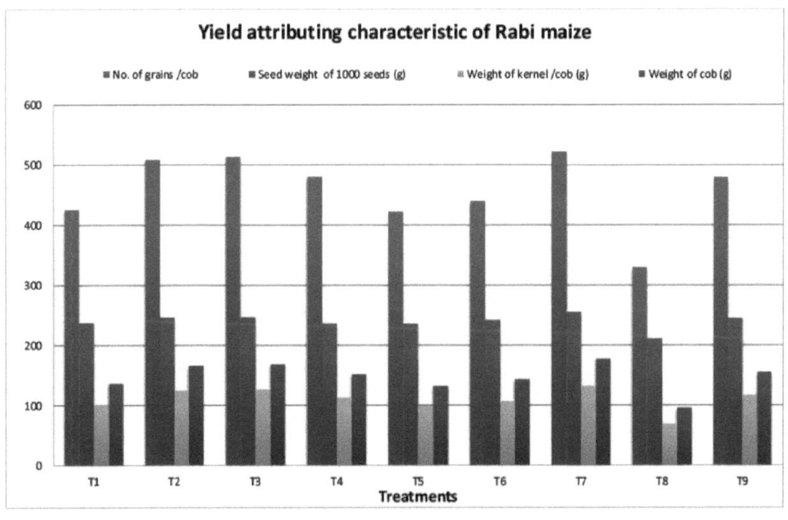

Fig 4.15 Efeito dos tratamentos de controlo de infestantes em diferentes caraterísticas de rendimento do milho Rabi

1.1.1.7. Percentagem de descasque (%)

Foi observado a partir dos dados que a percentagem de descasque do milho Rabi varia de 70,02% a 76,5%. A maior percentagem de descasque (76,5%) foi registada no tratamento Topramezone 336 g/l p/v SC @ 33,6 g a.i/ha (T2), com monda manual duas vezes aos 20 DAS e 40 DAS (T7). A menor percentagem de descasque (70,02%) foi observada na monda manual duas vezes aos 20 DAS e 40 DAS (T7), seguida de controlo de ervas daninhas (T8). O tratamento pós-emergência Topramezone 336 g/l p/v SC (Amostra de Mercado) @ 33,6 g a.i/ha (T5) registou (72,02%) de percentagem de descasque. Obteve-se uma maior percentagem de descasque com Topramezone 336 g/l p/v SC @ 33,6 g a. i/ha (T2) seguido de monda manual duas vezes aos 20 DAS e 40 DAS (T7), possivelmente devido à proporção de maior peso dos grãos em relação ao peso total da espiga, devido a uma melhor partição do material fotossintético sob a relação fonte-dreno.

Os caracteres que contribuem para o rendimento são o resultado do desenvolvimento vegetativo das plantas. Todos os caracteres que contribuem para o rendimento, ou seja, número de espigas por planta, número de linhas por espiga, número de grãos por linha, comprimento da espiga, número de grãos por espiga, peso de teste de 1000 sementes e peso de grãos por espiga foram significativamente influenciados pelos tratamentos e foram encontrados mais elevados na monda manual duas vezes aos 20 DAS e 40 DAS (T7) e seguido por Topramezone 336 g/l w/v SC @ 33.6 g a.i/ha (T2) pode ser devido a uma melhor translocação de fotossintatos da fonte para o sumidouro como resultado de um melhor desempenho dos caracteres de crescimento, ou seja, altura da planta, acumulação de matéria seca, LAI e índices de crescimento, ou seja, C.G.R e R.G.R. que pode ter aumentado a sua atividade fotossintética e, assim, favoreceu atributos de maior rendimento. Resultados semelhantes foram registados por **Sharma e Gautam (2003), Kumar *et al.* (2013) e Khan *et al.* (2020)**

1.1.3. Rendimento

1.1.3.1. Rendimento de grãos (q/ha)

O rendimento de grãos do milho foi significativamente influenciado pelas práticas de gestão de ervas daninhas (Tabela 4.17). Entre os diferentes tratamentos, a monda manual duas vezes aos 20 DAS e 40 DAS (T7) registou um rendimento de grãos significativamente mais elevado (65,80 q ha^{-1}) em relação aos restantes tratamentos. O rendimento de grãos significativamente mais baixo (26.24.q/ha) foi registado no controlo de ervas daninhas (T8) em comparação com todos os tratamentos. É evidente a partir dos dados que o Topramezone 336 g/l w/v SC @ 42,0 g a.i/ha (T3) registou um rendimento de grãos significativamente maior (57,70q/ha) em comparação com o resto dos tratamentos, exceto a monda manual duas vezes aos 20 DAS e 40 DAS (T7) e Topramezone 336 g/l w/v SC @ 33,6 g a.i/ha (T2).

1.1.3.2. Rendimento do caule (q/ha)

Entre os diferentes tratamentos, a monda manual duas vezes aos 20 DAS e aos 40 DAS (T7) registou um rendimento de palha significativamente mais elevado (80,04 q ha^{-1}) do que os restantes tratamentos. O rendimento significativamente mais baixo de Stover (51,29 q/ha) foi registado no controlo de ervas daninhas (T8) em comparação com o resto dos tratamentos. É óbvio a partir dos dados que o Topramezone 336 g/l w/v SC @ 33,6 g a. i/ha (T2) registou um rendimento de grãos significativamente maior (78,02q/ha) em comparação com o resto dos tratamentos, exceto a monda manual duas vezes aos 20 DAS e 40 DAS (T7) e Topramezone 336 g/l w/v SC @ 33,6 g a.i/ha (T2).

1.1.3.3. Rendimento biológico (q/ha)

O rendimento biológico do milho foi significativamente influenciado pelas práticas de gestão de ervas daninhas (Tabela 4.16). Entre os diferentes tratamentos, a monda manual duas vezes aos 20 DAS e 40 DAS (T7) registou um rendimento biológico significativamente mais elevado (145,84 q ha^{-1}) em relação aos restantes tratamentos. Foi observada uma produção significativamente mais baixa de Stover (77,53 q/ha) no controlo de infestantes (T8) em comparação com o resto dos tratamentos.

O rendimento é a função de uma inter-relação complexa de vários componentes do rendimento que é determinada a partir do crescimento na fase vegetativa e do seu reflexo subsequente na fase reprodutiva. O rendimento de grãos é a fração da biomassa total (acumulação total de matéria seca) que fica disponível sob a forma de rendimento económico (rendimento de grãos), que é o resultado final dos processos biofisiológicos. Isto é refletido pela relação fonte-dreno. O rendimento do grão é contribuído por diferentes atributos de rendimento, *por exemplo,* número de espigas por planta, número de linhas por espiga, número de grãos por linha, comprimento da espiga, número de grãos por espiga, peso do teste de 1000 sementes e peso do grão por espiga. Os tratamentos em que estes atributos obtiveram melhor resposta acabariam por dar mais rendimentos de grão, bem como de palha. Diferentes tratamentos de controlo de ervas daninhas influenciaram significativamente o crescimento e os atributos de rendimento resultantes deste grão, bem como os rendimentos de Stover também foram influenciados significativamente. Entre os diferentes tratamentos, a monda manual duas vezes a 20 DAS e 40 DAS ($_{T7}$) registaram um rendimento de grãos significativamente mais elevado (65,80 q ha-1) em relação a todos os tratamentos. Estes resultados estão também em conformidade com o trabalho efectuado por **Malviya** ***et al.*** **(2012) e Patel** ***et al.*** **(2006)**

O rendimento de palha é a fração do rendimento biológico total que é contribuída pelos fotossintatos líquidos sob a forma de acumulação de matéria seca. Os tratamentos em que a acumulação de matéria seca da cultura foi maior também deram um valor mais elevado de rendimento de palha. Nesta experiência, a monda manual duas vezes aos 20 DAS e 40 DAS ($_{T7}$) registou um rendimento de palha significativamente mais elevado de 80,04 q ha^{-1} em relação aos restantes tratamentos.

1.1.3.4. Índice de colheita (%)

O índice de colheita mais alto (45,11%) foi registado na monda manual duas vezes aos 20 DAS e 40 DAS ($_{T7}$) seguido pelo tratamento Tembotrione 34,4%SC @ 120,0 g a.i/ha ($_{T6}$) enquanto o índice de colheita mais baixo foi observado no controlo Weedy ($_{T8}$) seguido pelo Topramezone 336 g/l w/v SC @ 42,0 g a.i/ha ($_{T3}$).

O índice de colheita (HI) indica a eficácia da translocação de fotossintatos da fonte para o sumidouro. É também designado por coeficiente de eficácia. Diferentes tratamentos influenciaram o índice de colheita em grande medida. O valor mais alto de HI foi registado com o tratamento Capina manual duas vezes aos 20 DAS e 40 DAS ($_{T7}$), com 45,11%, seguido pelo tratamento Topramezone 336 g/l p/v SC @ 42,0 g a.i/ha ($_{T3}$).

Quadro 4.17 Efeito dos tratamentos de controlo de ervas daninhas no rendimento do milho Rabi.

S.N.	Tratamentos	Dose a.i (g/ha)	Rendimento de grãos (q/ha)	Rendimento do caule (q/ha)	Rendimento biológico (q/ha)	Índice de colheita (%)
Ti	Topramezona 336 g/1 p/v SC	**25.2**	46.24	64.01	110.25	41.9
T_2	Topramezona 336 g/1 p/v SC	**33.6**	57.26	76.92	134.18	42.6
T_3	Topramezona 336 g/1 p/v SC	**42.0**	59.70	78.02	137.72	43.3
T_4	Topramezona 336 g/1 p/v SC (amostra de mercado)	**25.2**	45.32	64.92	110.24	41.1
T_5	Topramezona 336 g/1 p/v SC (amostra de mercado)	**33.6**	47.42	73.02	120.44	39.3
T_6	Tembotriona 34,4% SC	**120.0**	48.23	74.02	122.25	39.4
T_7	Monda manual duas vezes aos 20 e 40 DAS	-	65.80	80.04	145.84	45.11
T_8	Controlo de ervas daninhas		26.24	51.29	77.53	33.8
T_9	Topramezona 336 g/1 p/v SC	**67.2**	51.04	69.04	120.08	42.5
	SEm±		**0.94**	**0.62**	**2.14**	**0.97**
	C.D a 5%		**2.83**	**1.87**	**6.56**	**2.96**

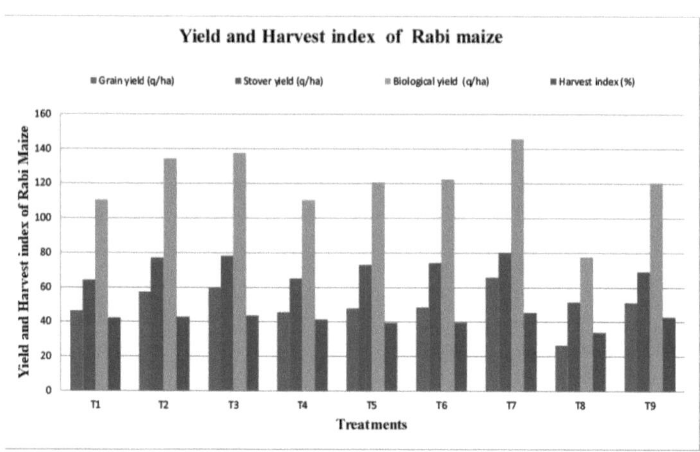

Fig. 4.16 Efeito dos tratamentos de controlo de infestantes no rendimento do milho Rabi

1.1.4. Fitotoxicidade da piroxasulfona:

Os dados relativos à fitotoxicidade do topramezona são apresentados nos quadros 4.17a e 4.17b. A observação visual dos diferentes tratamentos de controlo de ervas daninhas quanto aos sintomas fitotóxicos aos 15, 30 e 60 anos após a aplicação dos herbicidas revela que, para os diferentes sintomas fitotóxicos, não se registou qualquer efeito fitotóxico dos herbicidas nos diferentes tratamentos de controlo de ervas daninhas em diferentes fases do crescimento da cultura.

4.3. Parâmetros do solo

4.3.1 Propriedades químicas (pH, CE e carbono orgânico)

Os dados sobre o efeito de vários tratamentos nas propriedades químicas (pH, CE e carbono orgânico) foram apresentados no quadro 4.18, que revelou claramente que não foi registada qualquer resposta significativa no que diz respeito à aplicação de herbicidas.

As propriedades químicas do solo (pH, CE e CO) não foram significativamente afectadas pela aplicação do herbicida. Isto pode dever-se à capacidade de tamponamento do solo e pode dever-se ao facto de o herbicida ser hidroliticamente estável durante 15 dias a um pH ligeiramente mais elevado.

4.3.2 Nutrientes disponíveis (azoto, fósforo e potássio) (kg/ha)

Os dados sobre o efeito dos vários tratamentos nos nutrientes disponíveis foram apresentados no Quadro 4.18. Não houve efeito significativo do tratamento herbicida na disponibilidade de nutrientes registada após a colheita do milho Rabi. A disponibilidade de azoto, fósforo e potássio varia entre 233,0-236,8 kg/ha, 9,67-10,77 kg/ha e 140,0-140,9 kg/ha, respetivamente, em diferentes tratamentos de gestão de ervas daninhas.

Entre os tratamentos de controlo de ervas daninhas, o N, P e K disponíveis no solo após a colheita da cultura de milho de primavera não foram significativamente influenciados pelos tratamentos de gestão de ervas daninhas. Entre os tratamentos de gestão de ervas daninhas, o valor mais elevado de conteúdo NPK foi registado sob controlo de ervas daninhas em comparação com o resto dos tratamentos.

Quadro 4.18a Pontuação dos sintomas de fitotoxicidade dos herbicidas na cultura do milho em diferentes dias após a aplicação

S.n.	Tratamento	Dosagens	Sintomas fitotóxicos - dias após a aplicação dos herbicidas								
			Epinastia			Hiponastia			Necrótico		
			15 DAS	20 DAS	45 DAS	15 DAS	20 DAS	45 DAS	15 DAS	20 DAS	45 DAS
Ti	Topramezona 336 g/l p/v SC	**25.2**	0	0	0	0	0	0	0	0	0
T_2	Topramezona 336 g/l p/v SC	**33.6**	0	0	0	0	0	0	0	0	0
T_3	Topramezona 336 g/l p/v SC	**42.0**	0	0	0	0	0	0	0	0	0
T_4	Topramezona 336 g/l p/v SC (amostra de mercado)	**25.2**	0	0	0	0	0	0	0	0	0
T_5	Topramezona 336 g/l p/v SC (amostra de mercado)	**33.6**	0	0	0	0	0	0	0	0	0
T_6	Tembotriona 34,4% SC	**120.0**	0	0	0	0	0	0	0	0	0
T_7	Monda manual duas vezes aos 20 e 40 DAS	-	0	0	0	0	0	0	0	0	0
T_8	Controlo de ervas daninhas		0	0	0	0	0	0	0	0	0
T_9	Topramezona 336 g/l p/v SC	**67.2**	0	0	0	0	0	0	0	0	0

Quadro 4.18b Pontuação dos sintomas de fitotoxicidade dos herbicidas na cultura do milho em diferentes dias após a aplicação

S.n.	Tratamento	Dosagens	Sintomas fitotóxicos - dias após a aplicação dos herbicidas					
			Crescimento atrofiado			Murchar		
			15 DAS	20 DAS	45 DAS	15 DAS	20 DAS	45 DAS
Ti	Topramezona 336 g/l p/v SC	**25.2**	0	0	0	0	0	0
T_2	Topramezona 336 g/l p/v SC	**33.6**	0	0	0	0	0	0
T_3	Topramezona 336 g/l p/v SC	**42.0**	0	0	0	0	0	0
T_4	Topramezona 336 g/l p/v SC (amostra de mercado)	**25.2**	0	0	0	0	0	0
T_5	Topramezona 336 g/l p/v SC (amostra de mercado)	**33.6**	0	0	0	0	0	0
T_6	Tembotriona 34,4% SC	**120.0**	0	0	0	0	0	0
T_7	Monda manual duas vezes aos 20 e 40 DAS	-	0	0	0	0	0	0
T_8	Controlo de ervas daninhas		0	0	0	0	0	0
T_9	Topramezona 336 g/l p/v SC	**67.2**	0	0	0	0	0	0

Quadro 4.19 Efeito dos tratamentos de controlo de ervas daninhas no pH, CE (dSm^1) e % de carbono orgânico no solo após a colheita do milho *Rabi.*

S.n.	Tratamento	Dosagens	pH	CE (dS/m)	Carbono orgânico
Ti	Topramezona 336 g/l p/v SC	**25.2**	8.16	0.23	0.35
T_2	Topramezona 336 g/l p/v SC	**33.6**	8.20	0.23	0.34
T_3	Topramezona 336 g/l p/v SC	**42.0**	8.17	0.24	0.34
T_4	Topramezona 336 g/l p/v SC	**25.2**	8.18	0.23	0.34

	(amostra de mercado)				
T_5	Topramezona 336 g/1 p/v SC (amostra de mercado)	**33.6**	8.28	0.24	0.34
T_6	Tembotriona 34,4% SC	**120.0**	8.23	0.23	0.35
T_7	Monda manual duas vezes aos 20 e 40 DAS	-	8.29	0.23	0.37
T_8	Controlo de ervas daninhas		8.31	0.24	0.38
T_9	Topramezona 336 g/1 p/v SC	**67.2**	8.25	0.23	0.35
	SEm±		**0.09**	**0.01**	**0.03**
	C.D a 5%		**NS**	**NS**	**NS**

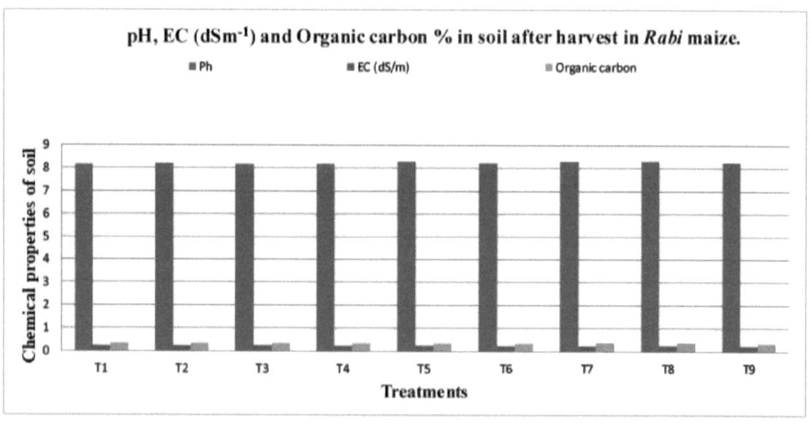

Fig. 4.17 Efeito dos tratamentos de controlo de ervas daninhas no pH, CE (dSm[1]) e na qualidade orgânica de carbono no solo após a colheita do milho *Rabi.*

Quadro 4.20 Efeito dos tratamentos de controlo de ervas daninhas no N, P e K no solo após a colheita do milho rabi

S.n.	Tratamentos	Dosagens	Macronutrientes disponíveis (Kg ha)[1]		
			Nitrogénio	Fósforo	Potássio
Ti	Topramezona 336 g/l p/v SC	**25.2**	235.1	10.23	140.3

T_2	Topramezona 336 g/l p/v SC	**33.6**	235.2	10.26	140.5
T_3	Topramezona 336 g/l p/v SC	**42.0**	236.2	10.51	140.6
T_4	Topramezona 336 g/l p/v SC (amostra de mercado)	**25.2**	234.0	10.07	140.1
T_5	Topramezona 336 g/l p/v SC (amostra de mercado)	**33.6**	234.4	10.10	140.1
T_6	Tembotriona 34,4% SC	**120.0**	234.1	10.09	140.2
T_7	Monda manual duas vezes aos 20 e 40 DAS	-	233.0	9.67	140.0
T_8	Controlo de ervas daninhas	-	236.8	10.77	140.9
T_9	Topramezona 336 g/l p/v SC	**67.2**	236.4	10.56	140.7
	SEm±		**1.81**	**0.39**	**0.36**
	C.D a 5%		**N.S**	**N.S**	**N.S**

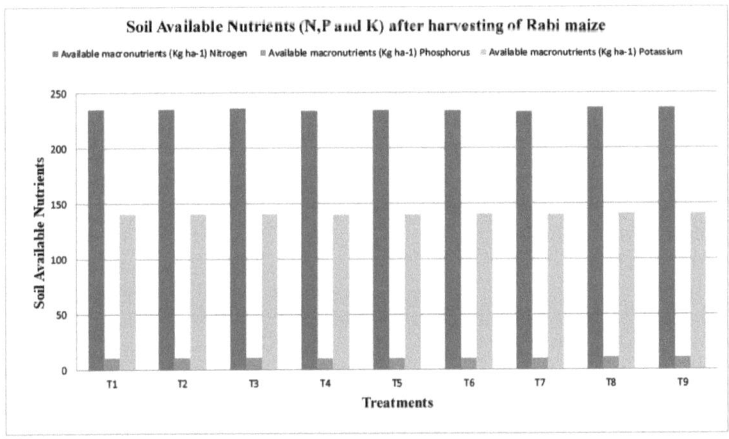

Fig 4.18 Efeito dos tratamentos de controlo de ervas daninhas no N, P e K no solo após a colheita de milho rabi

A biomassa das ervas daninhas e das raízes e rebentos das culturas que permaneceu no solo foi utilizada pelos microrganismos, levando ao aumento do processo de mineralização. O aumento da disponibilidade de nutrientes sob condições de controlo de infestantes também pode ser atribuído a outra possível razão que a absorção total pelas culturas no tratamento de controlo de infestantes permaneceu menor em comparação com outros tratamentos de gestão de infestantes devido à competição imposta por infestantes e culturas.

4.3.3 População microbiana do solo (por g de solo):

Os dados relativos à população microbiana do solo são apresentados no Quadro 4.20. É óbvio, a partir dos dados, que a população microbiana do solo foi afetada pelas diferentes práticas de controlo de ervas daninhas. No caso da população bacteriana, o controle de ervas daninhas (T8) registrou a maior população bacteriana (8,39 x 10^6 cfu/g solo) e seguido pela capina manual duas vezes aos 20 DAS e 40 DAS (T7) e a menor população bacteriana (3,99 x 10^6 cfu/g solo) foi registrada sob o controle de ervas daninhas (T8) seguido pelo Topramezone 336 g/l p/v SC @ 42,0 g a. i/ha (T3). No caso da população de fungos, o controle de ervas daninhas (T8) registrou a maior população de fungos (5,49 x 10^3 cfu/g solo) e seguido pela capina manual duas vezes aos 20 DAS e 40 DAS (T7) e a menor população de fungos (2.92 x 10^3 cfu /g solo) foi registada sob o Topramezone 336 g/l p/v SC @ 67,2 g a.i/ha (T9) seguido pelo Topramezone 336 g/l p/v SC @ 42,0 g a.i/ha (T3). No caso da população de Actinomicetos, o controle de ervas daninhas (T8) registrou a maior população de Actinomicetos (9,68 x 10^4 cfu/g solo) e seguido pela capina manual duas vezes aos 20 DAS e 40 DAS (T7) e a menor população bacteriana (4.87 x 10^4 cfu/g solo) foi registada sob o Topramezone 336 g/l p/v SC @ 67,2 g a.i/ha (T9) seguido pelo Topramezone 336 g/l p/v SC @ 42,0 g a.i/ha (T3).

4.3.4 Atividade das enzimas desidrogenase do solo:

Os dados relativos à atividade da desidrogenase do solo são apresentados no Quadro 4.21. É óbvio, a partir dos dados, que a atividade da desidrogenase do solo foi significativamente influenciada pelas diferentes práticas de controlo de ervas daninhas em todas as fases. Após a aplicação dos herbicidas, registou-se uma diminuição da atividade da desidrogenase do solo em comparação com a atividade inicial. A atividade da desidrogenase no solo aumentou até aos 45 DAS, após o que se verificou uma diminuição acentuada em todas as práticas de gestão química. O controlo de ervas daninhas (T8) registou uma atividade de desidrogenase significativamente mais elevada (236 TPF /g de solo / 24 horas) do que os restantes tratamentos, seguido do T7 (196 TPF /g de solo / 24 horas) e a atividade de desidrogenase mais baixa (76 TPF /g de solo por 24 horas) foi registada no T9, seguido do tratamento Topramezone 336 g/l p/v SC @ 42,0 g a.i/ha (T3).

A desidrogenase apresenta um comportamento assintótico em relação à aplicação de herbicidas. Com herbicidas de pré-emergência, o aumento da atividade das enzimas até 45 DAS seguiu-se uma tendência decrescente a partir daí. A razão pode ser um aumento das bactérias mobilizadoras de nutrientes com a adição de exsudado ou rizodeposição durante a fase de crescimento ativo da planta. Mas depois dos 45 DAS, devido à toxicidade generalizada dos herbicidas e à acumulação do efeito detrator dos herbicidas aplicados no solo, a atividade das enzimas diminui drasticamente. O tratamento T8 registou a maior atividade da desidrogenase, seguido da monda manual duas vezes aos 20 DAS e aos 40 DAS (T7), o que pode dever-se à gestão não química das ervas daninhas. O tratamento T9 registou a atividade de desidrogenase mais baixa, talvez devido à dose mais elevada de herbicidas. Resultado semelhante também foi relatado por **Seemantini *et al.*, (2013).**

4.4. Economia

4.4.1 Custo de cultivo (Rs/ha)

Os dados apresentados no quadro 4.22 revelam que as medidas de controlo das ervas daninhas aumentaram as despesas comuns com os diferentes tratamentos. Como tal, o custo de cultivo foi registado no máximo de Rs 40.500/ha sob o tratamento Monda manual duas vezes aos 20 DAS e 40 DAS (T7), seguido pelo tratamento T9. O custo mínimo de cultivo de Rs 31.000 Rs/ha ocorreu no tratamento T8.

4.4.2 Rendimento bruto (Rs/ha)

Os dados sobre o retorno bruto calculados sob diferentes tratamentos (tabela 4.22) mostraram que o maior retorno bruto de Rs1,20,240 /ha foi registado no tratamento Capina manual duas vezes aos 20 DAS e 40 DAS (T7), seguido pelo tratamento Topramezone 336 g/l w/v SC @ 42,0 g a.i/ha (T3). Entre os herbicidas, o tratamento T23 registou o maior rendimento bruto de Rs 1,10,445 /ha, seguido pelo tratamento T2. O tratamento T8 registou o menor rendimento bruto de Rs 48.544 /ha.

Quadro 4.21 Efeito dos tratamentos de controlo de ervas daninhas na população microbiana do

solo aquando da colheita.

S.n.	Tratamento	Dosagens	População microbiana do solo (g[1] solo)		
			Bactérias (x 10^6 cfu/g solo)	Fungos (x 10^3 cfu/g solo	Actinomicetos (x 10^4 cfu/g solo
Ti	Topramezona 336 g/1 p/v SC	**25.2**	6.56	4.25	7.41
T_2	Topramezona 336 g/1 p/v SC	**33.6**	5.28	3.92	7.21
T_3	Topramezona 336 g/1 p/v SC	**42.0**	4.88	3.28	6.51
T_4	Topramezona 336 g/1 p/v SC (amostra de mercado)	**25.2**	6.31	4.20	7.38
T_5	Topramezona 336 g/1 p/v SC (amostra de mercado)	**33.6**	5.20	3.90	7.04
T_6	Tembotriona 34,4% SC	**120.0**	6.73	3.96	7.12
T_7	Monda manual duas vezes aos 20 e 40 DAS	-	7.96	5.36	9.13
T_8	Controlo de ervas daninhas		8.39	5.49	9.68
T_9	Topramezona 336 g/1 p/v SC	**67.2**	3.99	2.92	4.87

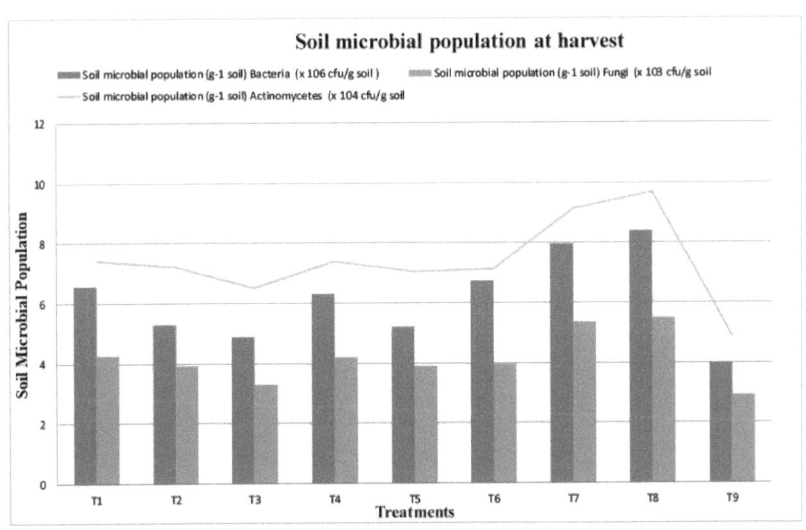

Fig 4.19 Efeito dos tratamentos de controlo de ervas daninhas na população microbiana do solo na colheita.

Quadro 4.22 Efeito dos tratamentos de controlo de ervas daninhas na atividade da desidrogenase do solo na colheita do milho.

S.N	Tratamento	Dosagens	Desidrogenase (ugTPF /g solo/24 horas)				
			15 DAS	30 DAS	45 DAS	60 DAS	AH
Ti	Topramezona 336 g/1 p/v SC	**25.2**	110	120	131	127	92
T_2	Topramezona 336 g/1 p/v SC	**33.6**	106	113	124	111	86
T_3	Topramezona 336 g/1 p/v SC	**42.0**	93	104	115	100	84
T_4	Topramezona 336 g/1 p/v SC (amostra de mercado)	**25.2**	108	116	126	120	93
T_5	Topramezona 336 g/1 p/v SC (amostra de mercado)	**33.6**	103	108	121	104	84
T_6	Tembotriona 34,4% SC	**120.0**	186	165	154	118	72
T_7	Monda manual duas vezes aos 20 e 40 DAS	-	198	204	196	204	213
T_8	Controlo de ervas daninhas		209	220	236	240	243
T_9	Topramezona 336 g/1 p/v SC	**67.2**	78	85	76	62	60
	SEm±		**1.95**	**2.07**	**2.56**	**2.08**	**1.76**
	C.D a 5%		**5.98**	**6.33**	**7.83**	**6.36**	**5.38**

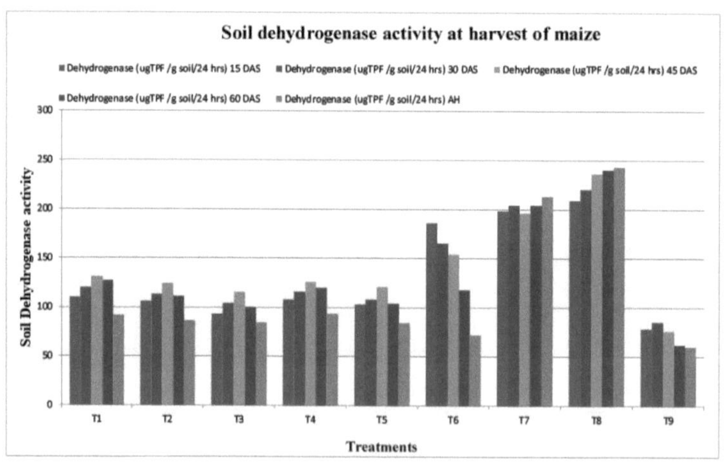

Fig 4.20 Efeito dos tratamentos de controlo de ervas daninhas na atividade da desidrogenase do solo na colheita do milho.

4.4.3 Rendimento líquido (Rs/ha)

Os dados relativos ao retorno líquido calculado sob diferentes tratamentos (tabela 4.22) mostraram que o maior retorno líquido de Rs 79.740 /ha foi registado sob o tratamento Capina manual duas vezes aos 20 DAS e 40 DAS (T7), seguido pelo tratamento Topramezone 336 g/l w/v SC @ 42,0 g a. i/ha (T3). Entre os herbicidas, o tratamento T3 registou o maior retorno líquido de Rs 74.445 /ha, seguido pelo tratamento T2. O tratamento T8 registou o menor retorno bruto (17.544 Rs/ha).

4.4.3 Rendimento líquido/por rupia (Rs/rupia)

Os dados sobre a relação benefício/custo calculados em diferentes tratamentos (Tabela 4.22) mostraram que a maior relação benefício/custo (2,18) foi registada no tratamento T2, seguido pelo tratamento Topramezone 336 g/l p/v SC @ 42,0 g a.i/ha (T3). O tratamento T8 registou a relação benefício/custo mais baixa (0,56).

O retorno bruto e o retorno líquido mais elevados foram obtidos na monda manual duas vezes aos 20 DAS e aos 40 DAS (T7), seguida de T3, devido a uma maior produção de grão e de palha, enquanto o retorno bruto e o retorno líquido mais baixos obtidos no controlo de infestantes podem dever-se a uma menor produção. O custo de cultivo foi mais elevado na monda manual, seguido de T9, possivelmente devido ao custo variável mais elevado. A relação benefício/custo foi maior no T2 seguido pelo Topramezone 336 g/l p/v SC @ 42,0 g a. i/ha (T3) possivelmente devido ao maior retorno líquido proporcional ao seu custo de cultivo. Achados semelhantes também foram relatados por **Hatti *et al.* (2019)** e **Patel *et al.* (2013)**

4.23 Efeito dos tratamentos de controlo das infestantes na economia do milho Rabi

S.N.	Tratamento	Dosagens	Custo de cultivo Rs/ha	Rendimento bruto Rs/ha	Rendimento líquido Rs/ha	B: Rácio C
Ti	Topramezona 336 g/l p/v SC	**25.2**	33,000	85,544	52544	1.59
T_2	Topramezona 336 g/l p/v SC	**33.6**	33,265	1,05,931	72666	2.18
T_3	Topramezona 336 g/l p/v SC	**42.0**	36,000	1,10,445	74445	2.06
T_4	Topramezona 336 g/l p/v SC (amostra de mercado)	**25.2**	34,270	83842	49572	1.44
T_5	Topramezona 336 g/l p/v SC (amostra de mercado)	**33.6**	34,420	87727	53307	1.54
T_6	Tembotriona 34,4% SC	**120.0**	37,292	89225	51933	1.39
T_7	Monda manual duas vezes aos 20 e 40 DAS	-	40,500	120240	79740	1.96
T_8	Controlo de ervas daninhas		31,000	48544	17544	0.56
T_9	Topramezona 336 g/l p/v SC	**67.2**	38,900	94424	55524	1.42

CAPÍTULO V

RESUMO E CONCLUSÕES

A presente investigação intitulada "**Estudos sobre a bioeficácia dos herbicidas pós-emergência no milho Rabi**" foi realizada durante a estação *Rabi* de 202021 na quinta de investigação Agronómica, A.N.D. Universidade de Agricultura e Tecnologia, Kumarganj, Ayodhya (U.P.). O experimento foi realizado em blocos aleatórios, replicado três vezes e com 9 tratamentos, ou seja, Topramezone 336 g/l p/v SC @ 25,2 a.i g ha^{-1} , Topramezone 336 g/l p/v SC @ 33,6 a.i g ha^{-1} , Topramezone 336 g/l p/v SC @ 42,0 a.i g ha^{-1} , Topramezona 336 g/l p/v SC (Amostra de Mercado) @ 25.2 a.i g ha^{-1} , Topramezona 336 g/l p/v SC (Amostra de Mercado) @ 33.6 a.i g ha^{-1} , Tembotriona 34.4%SC @ 120.0 a.i g ha^{-1} , Capina manual duas vezes aos 20 e 40 DAS , controlo de infestantes e Topramezona 336 g/l p/v SC @ 67.2 a.i g ha^{-1} . A experiência foi conduzida com os seguintes objectivos;

1. Descobrir o efeito dos tratamentos de controlo de ervas daninhas na cultura do milho e nas ervas daninhas associadas,

2. estudar a bioeficácia de vários herbicidas contra a flora infestante do milho rabi, **3.** determinar a fitotoxicidade do herbicida Topramezone 336g/l wv na cultura do milho e **4.** determinar a economia de vários tratamentos de controlo de infestantes

As principais conclusões do inquérito são resumidas a seguir;

Estudos sobre ervas daninhas

> *Anagalis arvensis* e *Chenopodium album foram* as ervas daninhas de folha larga predominantes, enquanto *Cyperus rotundus* foi encontrado entre os juncos no campo experimental de milho rabi.

> A monda manual duas vezes aos 20 e 40 DAS registou uma densidade mínima de ervas daninhas de folhas largas e juncos, que foi significativamente menor em comparação com o resto dos tratamentos. Nenhum dos herbicidas foi tão eficaz como a monda manual duas vezes aos 20 e 40 DAS.

> Entre os herbicidas, o Topramezone 336 g/l w/v SC @ 42.0 a.i g ha-1 foi o mais eficaz na redução da densidade de ervas daninhas, tanto de folhas largas como de juncos, o que foi significativamente superior ao resto dos tratamentos, enquanto que o Topramezone 336 g/l w/v SC @ 33.6 a.i g ha^{-1} em todas as fases de crescimento da cultura, exceto aos 60 DAS.

> O peso seco mais baixo das ervas daninhas foi registado na monda manual duas vezes aos 20 e 40 DAS, que foi significativamente inferior ao resto dos tratamentos. Entre os herbicidas, o Topramezone 336 g/l p/v SC @ 42,0 a.i g ha^{-1} registou um peso seco de ervas daninhas significativamente mais baixo do que os restantes tratamentos, ao mesmo tempo que o Topramezone 336 g/l p/v SC @ 33,6 a.i g ha .$^{-1}$

> Todos os tratamentos de gestão de ervas daninhas resultaram numa eficiência eficiente de controlo de ervas daninhas sobre o controlo de ervas daninhas. Aos 90 DAS, a eficiência do controlo de ervas daninhas foi maior, 77,5%, com a monda manual duas vezes aos 20 e 40 DAS, seguida pelo Topramezone 336 g/l p/v SC @ 42,0 a.i g ha^{-1} . Entre os herbicidas, o Topramezone 336 g/l p/v SC @ 42,0 a.i g ha^{-1} registou uma maior eficiência de controlo de ervas daninhas em relação a todas as práticas de gestão de herbicidas em todas as fases, seguido pelo Topramezone 336 g/l p/v SC @ 33,6 a.i g ha .$^{-1}$

> Topramezone 336 g/l p/v SC @ 42,0 a.i g ha-1registou o menor índice de ervas daninhas (11,31%) em comparação com o resto dos tratamentos e seguido pelo Topramezone 336 g/l p/v SC @ 33,6 a.i g ha .$^{-1}$

> A absorção de nitrogénio, fósforo e potássio pela monda manual duas vezes aos 20 e 40 DAS (T7) foi significativamente menor em comparação com o resto dos tratamentos, enquanto que a par com o Topramezone 336 g/l p/v SC @ 42,0 a.i g ha^{-1} . enquanto que a absorção de nutrientes significativamente maior pelas ervas daninhas foi registada no controlo de ervas daninhas em relação ao resto dos tratamentos, enquanto que a par com o Topramezone 336 g/l p/v SC (Amostra de Mercado) @ 25,2 a.i g ha .$^{-1}$

Estudos sobre as culturas

Parâmetros de crescimento

> A população inicial e final de plantas foi registada significativamente mais elevada na monda manual duas vezes aos 20 e 40 DAS em relação ao resto dos tratamentos, enquanto que a par com o Topramezone 336 g/l p/v SC @ 42,0 a.i g ha .$^{-1}$

- A altura da planta foi registada significativamente mais elevada na monda manual duas vezes aos 20 e 40 DAS em relação ao resto dos tratamentos, enquanto que a par com Topramezone 336 g/l w/v SC @ 42,0 g a.i/ha e Topramezone 336 g/l w/v SC @ 33,6 a.i g ha .$^{-1}$
- A monda manual duas vezes aos 20 e 40 DAS registou uma acumulação de matéria seca significativamente mais elevada em comparação com o resto dos tratamentos aos 30DAS, ao mesmo tempo que se equiparava ao Topramezone 336 g/l p/v SC @ 42,0 a.i g ha^{-1} e ao Topramezone 336 g/l p/v SC @ 33,6 a.i g ha .$^{-1}$
- O índice de área foliar do milho *Rabi* aumentou até aos 120 DAS e depois registou-se um declínio acentuado. Aos 30 DAS, o Topramezone 336 g/l w/v SC @ 42.0 a.i g ha^{-1} registou um IAF significativamente mais elevado em comparação com os restantes tratamentos, enquanto que aos 60, 90 DAS e na colheita a monda manual duas vezes aos 20 e 40 DAS registou um IAF significativamente mais elevado em comparação com os restantes tratamentos.
- O número de dias para 75 % de rebentação, 75% de silagem e maturidade do milho rabi foi significativamente mais elevado na monda manual duas vezes aos 20 e 40 DAS, enquanto que a par com o Topramezone 336 g/l w/v SC @ 42.0 a.i g ha^{-1} . E o menor número de dias levados para 75% de desfolhamento, 75% de silagem e maturidade do milho *Rabi* foi registado no controlo de ervas daninhas.

Caracteres de atribuição de rendimento e rendimento do milho rabi

- Atributos de rendimento, como o número de espigas^{-1} , número de linhas de grãos^{-1} , linhas de grãos^{-1} , comprimento da espiga (cm), número de grãos^{-} 1, peso de 1000 sementes (g), peso da espiga^{-1} e peso da espiga (g) foram registados como os mais elevados com a monda manual duas vezes aos 20 e 40 DAS, enquanto que a par com o Topramezone 336 g/l p/v SC @ 42,0 a.i g ha^{-1} e o mais baixo foi encontrado no controlo de ervas daninhas.
- A monda manual duas vezes aos 20 e 40 DAS registou um rendimento de grãos significativamente mais elevado em comparação com os restantes tratamentos. O menor rendimento de grãos foi obtido no controlo de ervas daninhas. Entre os tratamentos herbicidas, o Topramezone 336 g/l p/v SC @ 42,0 a.i g ha^{-1} , registou um rendimento de grãos significativamente mais elevado em comparação com os restantes tratamentos, exceto o Topramezone 336 g/l p/v SC @ 33,6 a.i g ha .$^{-1}$
- A monda manual duas vezes aos 20 e 40 DAS registou uma produção de palha significativamente mais elevada em comparação com os restantes tratamentos. O menor rendimento de palha foi obtido no controlo de ervas daninhas. O Topramezone 336 g/l p/v SC @ 42,0 a.i g ha^{-1} registou o rendimento de Favas significativamente mais elevado em comparação com os restantes tratamentos, exceto o Topramezone 336 g/l p/v SC @ 33,6 a.i g ha .$^{-1}$
- A monda manual duas vezes aos 20 e 40 DAS registou um rendimento biológico significativamente mais elevado em comparação com os restantes tratamentos. O rendimento biológico mais baixo foi obtido no controlo de ervas daninhas. Entre os tratamentos herbicidas, o Topramezone 336 g/l p/v SC @ 42,0 a.i g ha^{-1} , registou um rendimento biológico significativamente mais elevado em comparação com os restantes tratamentos, exceto o Topramezone 336 g/l p/v SC @ 33,6 a.i g ha .$^{-1}$
- O índice de colheita mais alto foi registado no tratamento Capina manual duas vezes aos 20 e 40 DAS e seguido pelo tratamento Topramezone 336 g/l w/v SC @ 42.0 a.i g ha^{-1} , enquanto o índice de colheita mais baixo foi registado no controlo de ervas daninhas.

Estudos sobre a fitotoxicidade do herbicida Topramezona

Não foram registados quaisquer sintomas de fitotoxicidade dos herbicidas Topramezona em qualquer fase do crescimento da cultura.

Estudos do solo:

- Registou-se um efeito não significativo das várias práticas de gestão de ervas daninhas nas propriedades físico-químicas do solo, ou seja, pH, CE, carbono orgânico e disponibilidade de azoto, fósforo e potássio.
- O controlo de ervas daninhas (Ts) registou a população microbiana mais elevada em comparação com os restantes tratamentos. A maior população bacteriana (8,39x 10^6 cfu g^{-1} solo), fúngica (5,49x 10^3 cfu g^{-1} solo) e Actinomicetes (9,68x 10^4 cfu g^{-1} solo) foi registada sob controlo de ervas daninhas seguido de monda manual duas vezes aos 20 e 40 DAS, enquanto a menor população microbiana do solo foi registada sob Topramezone 336 g/l w/v SC @ 67,2 a.i g_{ha} -1 .
- A atividade da desidrogenase mostrou um comportamento assintótico em relação à aplicação de herbicidas. Com os herbicidas pós-emergentes, o aumento da atividade enzimática até aos 45 DAS seguiu-se uma tendência decrescente a partir daí. O controlo de ervas daninhas registou uma atividade de desidrogenase significativamente mais elevada (236 TPF g $solo^{-1}$ $24hrs^{-1}$) em relação aos restantes tratamentos, seguido da monda manual duas vezes aos 20 e 40 DAS (196 TPF g $solo^{-1}$ $24hrs^{-1}$). Enquanto que a atividade de desidrogenase mais baixa (76 TPF g $solo^{-1}$ $24hrs^{-1}$) foi registada no Topramezone 336 g/l w/v SC @ 67.2 a.i g ha .$^{-1}$

5.6 Economia

> O custo de cultivo foi registado ao máximo (Rs 40.500/ha) sob monda manual duas vezes aos 20 e 40 DAS, seguido de Topramezone 336 g/l w/v SC @ 67,2 a.i g ha^{-1} . O custo mínimo de cultivo (Rs 31.000 Rs/ha) ocorreu no tratamento de controlo de ervas daninhas.

> O maior rendimento bruto (Rs 1, 20.240 ha^{-1}) foi registado no tratamento Monda manual duas vezes aos 20 e 40 DAS, seguido do Topramezone 336 g/l p/v SC @ 42.0 a.i g ha^{-1} . Entre os herbicidas, o Topramezone 336 g/l p/v SC @ 42,0 a.i g ha^{-1} registou o maior rendimento bruto (Rs 1,10,445 ha^{-1}), seguido pelo Topramezone 336 g/l p/v SC @ 33,6 a.i g ha^{-1} . O tratamento de controle de ervas daninhas registrou o menor retorno bruto (Rs 48.544 ha^{-1}).

> O maior retorno líquido (Rs 79.740 ha^{-1}) foi registado na monda manual duas vezes aos 20 e 40 DAS, seguido pelo Topramezone 336 g/l w/v SC @ 42.0 a.i g ha^{-1} . Entre os herbicidas, o tratamento Topramezone 336 g/l p/v SC @ 42,0 a.i g ha^{-1} registrou o maior retorno líquido (Rs 74.445 ha^{-1}), seguido pelo Topramezone 336 g/l p/v SC @ 33,6 a.i g ha^{-1} , enquanto o tratamento controle de ervas daninhas registrou o menor retorno líquido (17.544 Rs/ha).

> A maior relação benefício/custo (2,18) foi registada no Topramezone 336 g/l p/v SC @ 33,6 a.i g ha^{-1} , seguido pelo Topramezone 336 g/l p/v SC @ 42,2 a.i g ha^{-1} . O tratamento de controle de ervas daninhas registrou a menor relação benefício/custo (0,56).

CONCLUSÕES

Com base nos resultados resumidos, pode concluir-se que;

> A monda manual duas vezes aos 20 e 40 DAS foi a mais adequada para melhorar o crescimento e o rendimento do milho rabi, seguida da aplicação pós-emergência de Topramezone 336 g/l p/v SC @ 42,0 a.i g ha .$^{-1}$

> A monda manual duas vezes aos 20 e 40 DAS foi a mais adequada para o controlo de todos os tipos de ervas daninhas no milho rabi, seguida da aplicação pós-emergência de Topramezone 336 g/l p/v SC @ 42,0 a.i g ha .$^{-1}$

> Não se registaram quaisquer sintomas de fitotoxicidade dos herbicidas Topramezona na cultura do milho em estudo.

У O maior retorno bruto (Rs 1,20,240 ha^{-1}) e o retorno líquido (Rs. 79,740 ha^{-1}) foram obtidos na capina manual duas vezes aos 20 e 40 DAS, seguido pelo Topramezone 336 g/l p/v SC @ 42,0 g a.i/ha e a relação Benefício: Custo foi obtida mais alta (2,18) no Topramezone 336 g/l p/v SC @ 33,6 a.i g ha^{-1}. Seguido pelo Topramezone 336 g/l p/v SC @ 42,0 a.i g ha .$^{-1}$

LITERATURA CITADA

1. Abouzienz, F., Hussein, I.M., El-Metwally e El-Desoki, E.R. 2008. Efeito do espaçamento entre plantas e dos tratamentos de controlo de ervas daninhas no rendimento do milho e nas ervas daninhas associadas em solos arenosos. *American-Eurasian Journal of Agriculture and Environmental Science* 4 (1): 09-17.
2. Anónimo, Estatísticas Agrícolas, Departamento da Agricultura e do Bem-Estar dos Agricultores, Bihar, 2021-2022.
3. Babiker, M.M., Salah, A.E. e Mukhtar, M.U. 2013. Impacto dos herbicidas pendimethalin, e gesaprim e sua combinação no controle de ervas daninhas no milho (Zea mays L.). Jornal de Ciências Aplicadas e Industriais 1(5): 17-22.
4. Baldaniya, M.J., Patel, T.U., Zinzala, M.J., Gujjar, P.B. e Sahoo, S. 2018.Gestão de ervas daninhas em milho forrageiro (Zea mays L.) com herbicidas mais recentes. *Jornal indiano de estudos químicos* 6 (5): 2732-2734.
5. Bhutto, T.A., Wahoocho, S.A., Buriro, M., Gola, A.Q., Wahoocho, N.A., Ansari, e Buledi, N.A. 2019. Controlo de diferentes ervas daninhas através de vários métodos de controlo de ervas daninhas para melhorar o crescimento e o rendimento do milho híbrido Pioneer-1543. *Biologia Pura e Aplicada* 8 (1): 718-726.
6. Champak, M.V. e Nepalia, V. 2020. Efeito da gestão de nutrientes e ervas daninhas no crescimento de ervas daninhas e na produtividade do milho kharif em condições de sequeiro. *Indian Journal of Agronomy* 50(2): 119-122.
7. Chopra, P. e Angiras, N. 2008. Efeito da lavoura e da gestão de ervas daninhas na produtividade e absorção de nutrientes do milho (Zea mays L.). *Indian Journal of Agronomy* 53 (1): 66-69.
8. Choudhary, V.K., Kumar, P.S. e Bhagawati, R. 2012. Potencial de produção, humidade e temperatura do solo influenciados pelo consórcio milho-leguminosas. *Revista Internacional de Ciência e Natureza* 3 (1): 41-46.
9. Dangwal, L.R, Singh, A e Singh, T. 2010. Ervas daninhas comuns de culturas rabi (inverno) de Tehsil Nowshera, Distrito de Rajouri (Jammu e Caxemira), Índia. *Jornal paquistanês de investigação científica sobre ervas daninhas* 16 (1) 39-45.
10. Deshmukh, L.S., Jadhav, AS., Jathure, RS. e Rasker, S.K. 2009. Effect of nutrient and weed management on weed growth and productivity of kharif maize under rainfed condition. *Karnataka Journal of Agriculture Science.* 22 (4): 889891.
11. Dwidit, D. e Heckendorn. 2008. Mesotrione, acetachlor, and atrazine for weed management in maize (Zea mays L.). *Weed Science society of America Journal* 43-5 l..
12. Gantoli, G., Ayala, V.R e Gerhards, R 2013. Determinação do período crítico para o controlo de infestantes no milho. Tecnologia de Ervas Daninhas 27 (1): 63-71.
13. Gatzweiler, E.H., Krahmer, E., Hacker, M., Hills, K., Trabold e Bonfig-Picard, G. 2012.Weed spectrum and selectivity of tembotrione under varying environmental conditions. 25ª Conferência Alemã sobre Biologia de Plantas Daninhas e Controlo de Plantas Daninhas Alemanha 434: 385.
14. Gopinath, KA e Kundu, S. 2008. Efeito da dose e do tempo de aplicação de atrazina nas ervas daninhas do milho (Zea mays L.) em condições de colina média no noroeste dos Himalaias. *Indian Journal of Agriculture Science* 48 (3): 254-257.
15. Hatti, V., Sanjay, M.T., Ramachandra-prasad, T.V., Kalyana murthy, K.N, Basavaraj,
16. Khan. S e Shruthi, M.K. 2020. Efeito de novas moléculas de herbicida no rendimento, biomassa microbiana do solo e sua fitotoxicidade no milho (Zea mays L.) em condições irrigadas. *Um Jornal Internacional Trimestral de Ciências da Vida* 9 (3): 1127-1130.
17. Idziak, R. e Woznica, Z. 2014. Impacto dos tempos de aplicação de tembotrione e flufenacet mais isoxaflutole, taxas e tipo de adjuvante nas ervas daninhas e no rendimento do milho. *Revista Chilena de Pesquisa Agrícola* 74 (2).
18. Iqbal E., Rahman, A e Omolaiye, J.O. 2020.Weed Infestation, Growth and Yield of Maize (Zea

mays L.) as Influenced by Periods of Weed Interference. *Avanços em Ciências e Tecnologia das Culturas* 5: 267.

19. James, T.K., Rahman, A e Ricking, J. 2006. Mesotrione, um novo herbicida para o controlo de infestantes no milho (Zea mays L). Proteção fitossanitária da Nova Zelândia 59: 242-249.

20. Jonathon, R.K. e Christy, L.S. 2013.A altura das ervas daninhas e a inclusão de atrazina influenciam o controlo do amaranto de Palmer multirresistente com inibidores da HPPD. Weed Technology 43 (2).

21. José, F.C., Basch, G. e Carvalho, M. 2007. Efeito de doses reduzidas de um herbicida de pós-emergência no controlo de gramíneas e infestantes de folha larga em plantio direto de milho em condições mediterrânicas. Proteção das Culturas 26: 38-45.

22. Khan. M., Gantoli, G., Mohring, J., Gutjahr, C., Gerhards, R e Rueda-Ayala, V. 2014. Integrando a economia no período crítico para o conceito de controle de ervas daninhas no milho. Weed Science 62 (4): 608-618.

23. Kour, P., Kumar, A, Sharma, B.C., Kour, R, Kumar, J. e Sharma, N. 2014. Efeito do manejo de ervas daninhas na produtividade das culturas do sistema de cultivo intercalar de milho de inverno (Zea mays L.) + batata (Solanum tuberosum) no sopé de Shiwalik de Jammu e Caxemira. *Indian Journal of Agronomy* 59 (1): 65- 69.

24. Kumar, B. e Walia, U.S. 2003. Effect of nitrogen and plant population levels on competition of maize (Zea mays L.) with weeds. *Indian Journal of Weed Science* 35 (1&2): 53-56.

25. Kumar, B., Kumar, R, Kalyani, S. e Haque, M. 2013. Estudos integrados de manejo de ervas daninhas na flora de ervas daninhas e rendimento em milho kharif. Tendências em Biociências 6 (2): 161- 164.

26. Kumar, B., Prasad, S., Mandal, D. e Kumar, R 2017. Influência de um sistema integrado
Práticas de Gestão de Ervas Daninhas na Dinâmica de Ervas Daninhas, Produtividade e Absorção de Nutrientes do Milho rabi (Zea mays L.). *International Journal of Current Microbiology and Applied Sciiences* 6 (4): 1431-1440.

27. Kumar, J., Kumar, A, Sharma, V., Bharat, R e Singh AP. 2015. Bioeficácia da tembotriona pós-emergência na dinâmica das ervas daninhas e na produtividade do milho kharif em condições de sopé e meia colina, 25ª Conferência da Sociedade de Ciência das Ervas Daninhas do Pacífico Asiático, Procedimentos da Ciência das Ervas Daninhas para Agricultura Sustentável, Meio Ambiente e Biodiversidade, Hyderabad, Índia,

28. Kumar, S., Rana, S.S., Chander, N. e Angiras, N. 2012. Gestão de ervas daninhas resistentes no milho em condições de colina média de Himachal Pradesh. Indian Journal of Weed Science 44 (1): 11-17.

29. Kumari, G.A., Sanjay, M.T., Ramachandra-Prasad, T.V., Devendra, RD., Rekna, e Munirathamma, C.M. 2014.Rendimento e atributos de rendimento do milho como influenciado por diferentes práticas de gestão. Conferência bienal sobre "Desafio emergente no manejo de ervas daninhas", organizada pela *Sociedade Indiana de Ciência das Plantas Daninhas*, 15-17.

30. Lindquist, J.L., Arkebauer, T.J., Walters, D.T., Cassman, K.G. e Dobermann, A 2005. Maize radiation use efficiency under optimal growth conditions. *Agronomy Journal* 97: 72-78.

31. Madhavi, M., Ramprakash, T., Srinivas, A e Yakadri, M. 2014. Topramezona (33,6% SC) + Atrazina (50%) eficácia da mistura de tanques WP no milho, conferência bienal sobre "Desafio emergente no manejo de ervas daninhas" organizada pela Sociedade Indiana de Ciência das Ervas Daninhas.

32. Mahadi, M.A., Dadari, S.A., Mahmud, M., Babaji, B.A. e Mani, H. 2007. Efeito de alguns herbicidas à base de arroz no rendimento e nos componentes do rendimento do milho. Proteção das culturas 26 (11): 1601-1605.

33. Malviya, A e Singh, B. 2007. Dinâmica das infestantes, produtividade e economia do milho (Zea mays L) afectadas pela gestão integrada das infestantes em condições de sequeiro. Indian Journal of Agronomy 52 (4): 321-324.

34. Malviya, A, Malviya, N., Singh B. e Singh, AK. 2012. Gestão integrada de ervas daninhas no milho (Zea mays L.) em condições de sequeiro. *Indian Journal of Dryland Agriculture Research and Development* 27 (1): 70-73.
35. Mukkund, RS. e Jirali, D.I. 2017. Estudos sobre a influência de diferentes herbicidas no rendimento e nos componentes do rendimento do milho. Arquivos de plantas 17 (2): 1242-1246.
36. Mundra, S.L., Vyas, AK. e Maliwal, P.L. 2003.Effect of weed and nutrient management on weed growth and productivity of maize (Zea mays L.). *Indian Journal of Weed Science* 35 (192): 57-61.
37. Nadeem, M.A., Ahmad, A, Khalid, M., Naveed, M., Tanveer, A e Ahmad, J.N. 2008. Resposta de crescimento e rendimento do milho plantado no outono (Zea mays L.) e das suas ervas daninhas a doses reduzidas de aplicação de herbicida em combinação com ureia. *Pakistan Journal of Botany* 40 (2): 667-676.
38. Nadeem, M.A., Awai, S.M., Ayub, M., Tahir, M. e Maqbool, M. 2010. Estudos de gestão integrada de ervas daninhas para o milho plantado no outono. *Jornal do Paquistão da Sociedade de Ciências da Vida* 8 (2): 98-101.
39. Nadiger, S., Babu, Rand Aravinda-Kumar, B.N. 2013. Bioeficácia dos herbicidas de pré-emergência na gestão de ervas daninhas no milho. *Karnataka Journal of Agricultural Science* 26 (1): 17-19.
40. Narendra, K.V.V., Chandrasekhar, K. e Subbaiah, G. 2019.Gestão de ervas daninhas para uso eficiente de azoto no milho rabi (Zea mays L.). *The Andhra Agricultural Journal* 53 (1 e 2): 14-16.
41. Naik, RN.V. e Velayutham, A 2018. Estudos de manejo integrado de ervas daninhas em milho Rabi. *Jornal Internacional de Agricultura e Ciência Ambiental* 5: 2394 - 2568.
42. Naveed, M., Ahmed, R, Nadeem, M.A., Nadeem, S.M. e Shahzed, K. 2008. Effect of new Olabode, O.S., Adesina, G.O. and Babajide, P.A. 2010.Weed control efficiency of reduced atrazine doses and its effect on soil organisms in maize (Zea mays L.) fields of south western Nigeria. *Jornal de Agricultura Tropical* 48 (2): 52-54.
43. Olsen, S.R., Cole, C.V., Watanable, F.S. e Dean, L.A., Estimation of available phosphorus in soil by extraction with sodium bicarbonate. US Department of Agriculture Circular. 939, 19-23.
44. Pandey, AK., Prakash, V., Singh, RD. e Mani, V.P. 2001. Integrated weed management in maize (Zea mays L.). *Indian Journal of Agronomy* 46 (2): 260265.
45. Patel, V.J., Upadhyay, P.N. e Meisuriya, M.I. 2013. Eficácia da atrazina com outros herbicidas utilizados isoladamente em sequência ou mistura de tanques em milho. *Jornal Indiano de Ciência das Plantas Daninhas* 44: 41-43.
46. Patel, V.J., Upadhyay, P.N., Patel, J.B. and Meisuriya, M.I. 2006.Effect of herbicide mixture on weeds in kharif maize (Zea mays L.) under middle Gujarat conditions. *Indian Journal of Weed Science* 38 (1&2): 54-57.
47. Reddy, M., Padmaja, B., Veeranna, G. e Reddy, V.V. 2012. Bioeficácia e economia de misturas de herbicidas em milho de plantio direto (Zea mays L.) cultivado após o arroz (Oryza sativa). *Indian Journal of Agronomy* 57 (3): 255-258.
48. Reddy, S.K.S.V., Sundari, A e Kumar, S.S. 2002. Avaliação de um programa adequado de gestão de infestantes no milho híbrido. *Indian Journal of Weed Science* 34 (3 e 4): 307-308.
49. Saidulu, B. 2004. Studies on integrated nutrient and weed management for rainfed maize, MSc (Ag) Thesis, Acharya N G Ranga Agricultural University, Hyderabad, India.
50. Samanth, T.K., Dhir, B.C. e Mohanty, B. 2015. Crescimento de ervas daninhas, componentes de rendimento, produtividade, economia e absorção de nutrientes do milho (Zea mays L.) como influenciado por várias aplicações de herbicidas em condições de chuva. *Indian Journal of Weed Science* 2 (1): 79-83.
51. Sanodiya, P., Jha, AK. e Shrivastava, A 2013. Efeito da gestão integrada de ervas daninhas no rendimento de sementes de milho forrageiro. *Indian Journal of Weed Science* 45 (3): 214-216.
52. Schonhammer, A, Freitag, J. and Koch, H. 2006.Topramezone einneuer Herbizidwirkst off zur hochselektiven Hirse- und Unkrautbekampfung in Mais [Topramazone a new highly selective

herbicide compound for control of warm season grasses and dicotyledonous weeds in maize]. *Journal of Plant Diseases and Protection* (20): 1023-1031.

53. Schulte. e Kocher. H. 2009. Modo de ação herbicida da Tembotriona e do parceiro combinado isoxadifeno-etilo, Bayer Crop Science Journal 62/1.

54. Shah, SN, Shroff, JC, Patel, RH e Usadadiya, VP, Influência das práticas de cultivo intercalar e de gestão das infestantes nas infestantes e nos rendimentos do milho, *International Journal of Science and Nature*, 2 (1): 47-50, 2011.

55. Sharma, N., Kumar, A, Akhtar, P., Kumar, J., Stanzen, L., Sharma, A e Mahajan, A 2017. Bioeficácia da aplicação de Tembotrione no início da pós-emergência e pós-emergência na remoção de nutrientes pela cultura e ervas daninhas no milho de primavera (Zea Mays L.) sob condições irrigadas de Shivalik Foothill Subtropical de Jammu e Caxemira, Índia. *International Journal of Current Microbiology and Applied Sciences* 6 (6): 663-670.

56. Sharma, S.K. e Gautam, RC. 2003.Effect of dose and method of atrazine application on no-till maize (Zea mays L.). *Indian Journal of Weed Science* 35 (1-2): 131-133.

57. Singh, M., Prabhukumar, S., Sairam, C.V. e Kumar, A 2009. Avaliação de diferentes práticas de gestão de infestantes no milho de sequeiro no campo do agricultor, *Pakistan Journal of Weed Science Research* 15 (2-3):187-189

58. Singh, M., Pushpendra, S. e Nepalia, V. 2021. Estudos de gestão integrada de ervas daninhas no sistema de consórcio baseado no milho. *Indian Journal of Weed Science* 37 (3&4): 205-208.

59. Singh, S. e Shoeran, P. 2008. Estudos sobre práticas integradas de gestão de infestantes no milho de sequeiro em condições sub-montanhosas. *Indian Journal of Dryland Agriculture Research and Development* 23 (2): 6-9.

60. Singh, V.P., Guru, S.K., Kumar, A, Banga, A e Tripathi, 2012. N Bioeficácia da tembotriona contra o complexo misto de ervas daninhas no milho (Zea mays L.*). Indian Journal of Weed Science* 44 (1): 1-5.

61. Sinha, S.P., Prasad, S.M. e Singh S.J. 2001. Resposta do milho de inverno (Zea mays L.) à gestão integrada das infestantes. *Indian Journal of Agronomy* 46 (3): 485- 488.

62. Sinha, S.P., Prasad, S.M. and Singh, S.J. 2005.Nutrient utilization by winter maize (Zea mays L.) and weeds as influenced by integrated weed management. *Indian Journal of Agronomy* 50 (4): 303-304.

63. Soltani, N., Kaastra, AC., Clarence, J., Swanton e Sikkema, 2012. PH, Eficácia da topramezona e mesotriona para o controlo de gramíneas anuais. Revista Internacional de Investigação em Ciências Agrárias e Ciência do Solo 2 (1): Soltani, N., Sikkema, P.H., Zandstra, J.O., Sullivan, J. e Robinson, D.E. 2007. Response of eight sweet maize (Zea mays L.) hybrids to topramezone, *Horticulture Science Research Journal* 42: 110-112.

64. Soren, C., Chowdary, KA, Sathish, G. e Patra, B.C. 2018. Dinâmica de ervas daninhas e rendimento de milho rabi (Zea mays L.) como influenciado por práticas de manejo de ervas daninhas. *Jornal de Biologia Experimental e Ciências Agrárias* 6 (1): 150-158.

65. Subhiah, B.B. e Asija, G.L., 1956. Um procedimento rápido para a determinação do azoto disponível no solo. *Current Sciences*. 25, 259-260.

66. Sunitha, N., Reddy, P. M. e Sadhineni, M. 2011. Effect of cultural Manipulation and weed management practices on weed dynamics and performances of sweet corn. *Indian Journal of Weed Sciences* 42 (3&5): 184188.

67. Tahir, M., Javed, M.R., Tanveer, A, Nadeem, M.A., Wasaya, A, Bukhari, S.A.H. e Rehman, J.U. 2009. Efeito de diferentes herbicidas nas ervas daninhas, no crescimento e no rendimento do milho plantado na primavera (Zea mays L.). *Revista paquistanesa de ciências sociais e da vida* 7 (2): 168-174.

68. Thomas, K., Melidis, VG.e Evgenidis, G. 2010. Resposta do milho (Zea mays L.) a aplicações pós-emergência de topramezona. Proteção das culturas 29: 1091- 1093

69. Tripathi, AK., Tewari, AN. e Prasad, A 2005. Integrated weed management in rainy season maize

(Zea mays L.) in Central Uttar Pradesh. *Indian Journal of Weed Science* 37 (3 & 4): 269-270.
70. Ullah, W., Khan, M.A., Sadiq, M., Rehman, H., Nawaz, A e Sher, M.A. 2008. Impacto da gestão integrada das infestantes nas infestantes e no rendimento do milho. *Jornal paquistanês de pesquisa científica de ervas daninhas* 14 (3-4): 141-151.
71. Uremis, I., Uludag, A, Ulger, A e Cakir, B. 2009. Determinação do período crítico para o controlo de infestantes no milho de segunda colheita em condições mediterrânicas. Jornal Africano de Biotecnologia, 8 (18).
72. Verma, V.K., Tewar, AN. e Dhemri, S 2009. Effect of atrazine on weed management in winter maize-green gram cropping system in central plain zone ofUttar Pradesh. *Indian Journal of Weed Science* 41 (1&2): 41-45.
73. Walia, U.S., Singh S. e Singh, B. 2007.Integrated control of hardy weeds inMaize(Zea mays L.), *Indian Journal of Weed Science*. 39 (1&2): 17-20.
74. Zhang, J., Zheng, L., Jack, 0., Yan, D., Zhang, Z., Gerhards, R. e Ni, H. 2013. Eficácia de quatro herbicidas pós-emergência aplicados em doses reduzidas em ervas daninhas em campos de milho de verão (Zea mays L) na planície do norte da China Proteção de culturas 52: 26-32.
75. Zimdahl R.L. 1981.The concept and the application of the weed-free period, In: MA Altien e M Liebman, eds, Weed management in agroecosystems: Ecological Approaches, Nova Iorque: CRC Press, pp. 145-151.

RESUMO

Nome: Atish Yadav

Id. n.º A-9241/16/20

Semestre: 4th Grau: M.Sc. (Ag.)

Ano de admissão: 2020Departamento : Agronomia

Área de especialização : Agronomia

Menor : Ciência do solo

Título da tese: "Estudos sobre a bio-eficácia de herbicidas pós-emergência no milho Rabi".

Conselheiro: Dr. A.K. Singh

Professor Associado e Diretor

Departamento de Agronomia

Um experimento de campo foi conduzido durante a temporada *Rabi* de 2020-21 na Agronomy Research Farm, A.N.D. Universidade de Agricultura e Tecnologia, Kumarganj, Ayodhya (U.P.). O experimento foi conduzido em um projeto de blocos aleatórios e replicado três vezes, composto por nove tratamentos: Topramezone 336 g / l w / v SC @ 25,2 g a.i / ha, Topramezone 336 g / l w / v SC @ 33.6 g a.i/ha, Topramezona 336 g/l w/v SC @ 42.0 g a.i/ha, Topramezona 336 g/l w/v SC (Amostra de Mercado) @ 25.2 g a.i/ha , Topramezona 336 g/l w/v SC (Amostra de Mercado) @ 33.6 g a.i/ha, Tembotriona 34.4%SC @ 120.A densidade das ervas daninhas, o peso seco das ervas daninhas, o índice de ervas daninhas e a absorção de nitrogénio, fósforo e potássio pelas ervas daninhas são os mais baixos na monda manual duas vezes aos 20 e 40 DAS, no controlo das ervas daninhas e no Topramezone 336 g/l p/v SC @ 67,2 g a.i/ha. A eficácia do controlo das ervas daninhas foi mais elevada na monda manual duas vezes aos 20 e 40 DAS. A monda manual duas vezes aos 20 e 40 DAS foi a mais adequada para melhorar o crescimento e o rendimento do milho de inverno, seguida da aplicação pós-emergência de Topramezone 336 g/l p/v SC @ 42,0 g a.i/ha. Os diferentes caracteres de crescimento, como altura da planta, produção de matéria seca, LAI, CGR e RGR, foram obtidos em maior quantidade sob capina manual duas vezes aos 20 e 40 DAS, seguidos pela aplicação pós-emergência de Topramezone 336 g/l p/v SC @ 42,0 g a.i/ha. Diferentes caracteres de rendimento do milho, como número de espigas/planta, número de grãos/linhas, grãos/linhas/espiga, comprimento da espiga (cm), número de grãos/espiga, peso de 1000 sementes (g), peso da semente/espiga (g) e peso da espiga (g) foram registados como mais elevados com a monda manual duas vezes aos 20 e 40 DAS, enquanto que a par com a aplicação pós-emergência de Topramezone 336 g/l p/v SC @ 42,0 g a.i/ha. Não houve nenhum sintoma de fitotoxicidade do herbicida Topramezone. O retorno bruto máximo (Rs 1.20.240/ha) e o retorno líquido (Rs.79.740 /ha) foram obtidos com a capina manual duas vezes aos 20 e 40 DAS e a maior relação benefício: custo de 2,18 obtida com o Topramezone 336 g/l p/v SC @ 33,6 g a.i/ha (T2)

(A. K. Singh) Conselheiro

(Atish Yadav)
Autor

Printed by Books on Demand GmbH, Norderstedt / Germany